Stressmanagement

Ihr Weg zu mehr innerer Ruhe

Petra Isabel Schlerit
Susanne Antonie Fischer

2. Auflage

HAUFE.

Inhalt

Vorwort

Studien belegen es: Sechs von zehn Menschen in Deutschland fühlen sich gestresst. Und wenn man sich unseren Alltag näher ansieht, ist das auch kein Wunder: Wir geben und tun alles im Job und im Privatleben, immer am Limit, so viel wie eben möglich ist. Regelmäßige Entspannung hat da keinen Platz. Yoga, Meditation, Wellness & Co. sind zwar hip, wir gönnen sie uns jedoch meist nur als kurzen Luxus zwischendrin.

Und dabei sind bei all der Anspannung, die wir tagtäglich erleben, Phasen der Erholung, der Entspannung so wichtig, um Körper und Geist wieder fit zu machen für die nächste Herausforderung. Wie sich solche wohltuenden Auszeiten ganz leicht und vor allem wirksam in die tägliche Routine integrieren lassen, zeigt Ihnen dieser TaschenGuide. Wir laden Sie ein, das Phänomen Stress mit all seinen guten wie schlechten Seiten kennenzulernen. Sie erfahren, wie Sie ihn mit einfachen Mitteln so in den Griff bekommen, dass Sie sich wieder wohlfühlen und Kraft tanken können. Mithilfe zahlreicher Übungen und Checklisten finden Sie heraus, warum Sie in Stress geraten und sich in bestimmten Situationen besonders angespannt fühlen.

Viel Spaß beim Lesen und große Entspannungserfolge wünschen Ihnen

Petra I. Schlerit und Susanne A. Fischer

Stress: der Trend unserer Zeit

Die Welt und unsere Belastungen haben sich verändert. Wir arbeiten zu viel und zu lange. Statt uns in der knapp bemessenen Freizeit davon zu erholen, hetzen wir von Termin zu Termin. Kein Wunder, dass Stresserkrankungen immer mehr zunehmen.

In diesem Kapitel lesen Sie u. a., warum

- wir es verlernt haben, uns richtig zu erholen,
- der Kult um Selbstoptimierung ein Stressfaktor ist,
- es fatal ist, zu viel zu wissen und zu können.

War früher alles besser?

Warum fühlen wir uns heutzutage so gestresst? Was hat sich verändert? War es früher besser? Dies sind Fragen, die wir immer wieder in unseren Seminaren gestellt bekommen.

BEISPIEL

Eine Teilnehmerin erzählt: »Ich verstehe das einfach nicht! Ich habe alles, was ich brauche. Mein Leben ist viel einfacher, bequemer und sicherer als das meiner Großeltern. Wenn mein Großvater abends von der Arbeit kam, hatte er, solange es ihm das Tageslicht erlaubte, viel am Haus zu arbeiten. Alles Gemüse, das es zu essen gab, kam aus dem eigenen Garten. Meine Großeltern bestellten ein kleines Kartoffelfeld und kümmerten sich tagtäglich um die Obstbäume. Sie hatten eine Sieben-Tage-Woche, mussten mühevoll per Hand Wäsche waschen, hatten viel zu tun mit Einkochen und Holzhacken und nur sehr wenig Urlaub. Und doch waren sie nie gestresst oder überfordert. Ich habe eine geregelte 40-Stunden-Woche, einen Staubsauger, eine Spülmaschine, Waschmaschine und viele weitere Geräte, die mir helfen, Zeit und Kraft zu sparen. Ich habe Wochenenden und viel mehr Urlaub. Und trotzdem habe ich den Eindruck, es geht mir schlechter als meinen Großeltern, denn ich bin ständig müde, stehe unter starkem Zeitdruck, fühle mich oft überfordert und bin im heiß ersehnten Urlaub krank. Was hat sich verändert?«

Die Teilnehmerin hat recht: Wir arbeiten in unserer modernen Zeit kürzer denn je, haben mehr Urlaub und es stehen uns viele Möglichkeiten zur Verfügung, uns das Leben zu erleichtern. Und dennoch fühlen wir uns den ganzen Tag lang gestresst und getrieben von Pflichten, die so zahlreich sind, dass wir sie gar nicht mehr aufzählen können. Wir sehnen uns nach Pausen, die wir nicht bekommen, nicht einmal im Urlaub.

In Summe arbeitete der Mensch früher mehr und auch körperlich viel anstrengender als heute. Dennoch ist der Stresspegel in der Bevölkerung im Laufe der vergangenen Jahre exponentiell gestiegen, wie diverse Stress-Studien immer wieder bestätigen.

Früher gab es Pausen, heute gibt es Freizeit

Doch woran liegt das? Ein wesentlicher Grund ist sicherlich in unserem Freizeitverhalten zu suchen. Früher war das Leben übersichtlicher. Der Tag war unterteilt in Arbeit und Pausen. Während der Pausen wurde geruht, gegessen oder geschlafen. Heutzutage ist der Tag unterteilt in Arbeit und Freizeit. Unsere Freizeit ist jedoch oft nur eine Illusion von freier Zeit. Meist hat sie mit einer wirklichen Pause zur Regeneration nichts zu tun. In unserer freien Zeit machen wir den Haushalt, renovieren die Wohnung und wollen außerdem das Beste für uns herausschlagen, uns intensiv um die Familie kümmern und Urlaub genießen.

Auch die Grenzen zwischen Freizeit und Arbeit verwischen sich immer mehr. So unterstützen wir während des Spaziergangs schnell mal per Handy die Kollegin bei einem schwierigen Fall und organisieren am Arbeitsplatz per WhatsApp-Gruppe den Kegelabend. Nach einer Stress-Studie der Techniker Krankenkasse aus dem Jahr 2016 ist dies ein großer Stressfaktor mit gravierenden Auswirkungen.

Leben in der VUCA-Welt

Dazu kommt, dass sich in der heutigen Zeit alles so schnell und permanent verändert, dass nichts mehr als sicher erachtet werden kann. Grund dafür ist vor allem die digitale Transformation. Sie bezeichnet einen fortlaufenden, in digitalen Technologien begründeten Veränderungsprozess, der die gesamte Gesellschaft und insbesondere Unternehmen betrifft. Diese bereits seit 1990 stattfindende Evolution hat uns unter anderem die digitale Vernetzung und die Sozialen Medien, die ständige Erreichbarkeit via Smartphone, die Streamingdienste, das Online-Banking, Fitnesstracker und per Handy steuerbare Haushaltsgeräte beschert. Die Menschen müssen sowohl auf der aktiven wie auch auf der reaktiven Seite des Lebens flexibler sein als je zuvor. Das bringt viele Vorteile sowohl für die Arbeitswelt als auch im Privatleben. Es fördert die Entwicklung und verhindert Langeweile. Der Nachteil daraus ist jedoch ein beständiges Gefühl von Unsicherheit und die rastlose Suche nach dem nächsten »Kick«.

Nicht der Mensch selbst hat sich grundlegend verändert, sondern das Umfeld, die Arbeitswelt und die Beziehungen untereinander. Diese geänderten Rahmenbedingungen werden heutzutage mit dem Akronym VUCA beschrieben. VUCA steht für Volatility, Uncertainty, Complexity, Ambiguity. Die ursprünglich aus dem US-Militär-Jargon stammenden Begriffe sind zu einem festen Bestandteil der Managementliteratur geworden. Sie benennen die veränderten Rahmenbedingungen, unter denen wir heute leben und arbeiten.

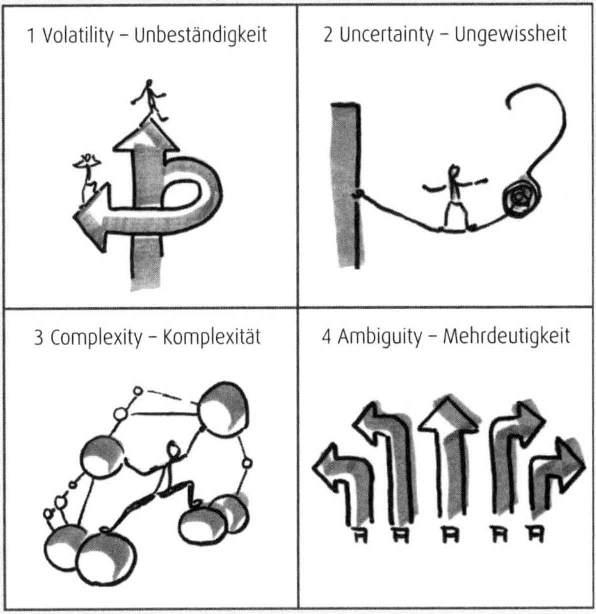

Unsere VUCA-Welt

1. Volatility – Unbeständigkeit: Die Herausforderungen, denen wir in unserem Leben begegnen, sind unerwartet, unstabil. Es gibt eine hohe Schwankungsbreite. Die Geschwindigkeit, mit der sich Veränderungen ergeben, erhöht sich immer weiter. In Unternehmen steigt der Innovationsdruck rasant. Die Mitarbeiter müssen sich einem stetigen Wandel stellen.
2. Uncertainty – Ungewissheit: Die Unsicherheit steigt; es gibt kaum noch Vorhersehbares. Die Zukunft birgt großes Poten-

zial für Überraschungen – nicht nur im privaten Leben, sondern auch in Bezug auf mögliche Marktentwicklungen. Es mangelt an Berechenbarkeit. Zweifel wachsen, wie Unternehmen überleben und womit sie auch in Zukunft Umsätze machen können. Es muss stets mit dem Schlimmsten gerechnet werden, um auf das Beste hinzuarbeiten. Dies geht Hand in Hand mit einer unsicheren Beschäftigungssituation für die Mitarbeiter.

3. Complexity – Komplexität: Es gibt keine Standardisierungen mehr. Viele teilweise unbekannte Variablen mit nur schwer oder nicht absehbaren Wirkungen treffen aufeinander, bestimmen die Zukunft. Es wird immer schwieriger, vorauszuplanen und alle wichtigen Parameter im Blick zu behalten. Die Systeme multiplizieren sich, während die Vernetzung gleichzeitig für Verwirrung sorgt – eine fordernde Aufgabe für die Führungskräfte und Unternehmensleitungen. Die Komplexität erfordert Menschen im Unternehmen, die über den Tellerrand hinausdenken, sich flexibel auf neue Aufgaben einstellen und bereit sind, ihre Komfortzone zu verlassen.

4. Ambiguity – Mehrdeutigkeit: Informationen sind nicht mehr eindeutig interpretierbar. Es wird immer schwerer, Ursache und Wirkung zu finden. Interessenkoalitionen werden vielschichtiger. Wegen der Vielzahl der Rollen, Aufträge und Schnittstellen nehmen Missverständnisse zu. Für Unternehmen bedeutet dies, dass sie sich aus den bewährten und erprobten Abläufen heraus bewegen müssen und bisher gut laufende Geschäftsmodelle auf den Prüfstand stellen müs-

sen. Vielfach werden Individuallösungen der richtige Weg sein. Das bedeutet für die Menschen im Unternehmen, kreativ weiterzudenken statt nur auf bestehendes Know-how zurückzugreifen.

Zwangsläufig sind die Gegebenheiten, Situationen und Umstände heute nicht dieselben, denen wir in Zukunft begegnen werden. Das Optimum von gestern ist der Standard von heute. Die technische Entwicklung beschleunigt zunehmend. Branchengrenzen lösen sich auf. All dies verlangt von uns Menschen heute eine hohe Veränderungsbereitschaft, Innovationsfähigkeit und vernetztes Denken. Flexibilität und Lernbereitschaft sind dafür wesentliche Voraussetzungen. Außerdem erfordert es die Kompetenz, mit berufsrelevanten sowie persönlichen Unsicherheiten zurechtzukommen. Klingt nach Stress? Ist Stress!

Während früher die Anstrengung mehr körperlicher Natur war, sind die Stressfaktoren heute:

- Leistungsdruck,
- Verlust von geregelten Zeitrhythmen,
- gesteigerte Anforderungen an Flexibilität, Anpassungsfähigkeit und Mobilität,
- unsichere oder zeitlich befristete Arbeitsplätze,
- weniger Wertschätzung bei hoher Verantwortung,
- eine Null-Fehler-(Un-)Kultur.

Die Techniker Krankenkasse hat in Zusammenarbeit mit dem Meinungsforschungsinstitut Forsa einen repräsentativen Querschnitt der Bevölkerung zum persönlichen Stresslevel und den häufigsten Stressauslösern sowie dem individuellen Umgang mit Stress befragt. Danach fühlen sich 46 % durch ihren Beruf belastet. Auf Platz 2 mit 43 % folgen die eigenen, hohen Ansprüche. Platz 3 nennt zu viele Termine und Verpflichtungen als Stressfaktor gefolgt von Belastungen durch den Verkehr und die ständige Erreichbarkeit.

Eine Studie der Barmer Ersatzkasse in Kooperation mit der Universität St. Gallen aus dem Jahr 2016 zeigt, dass es einen eindeutigen Zusammenhang zwischen Digitalisierung und emotionaler Erschöpfung gibt. Die hohe Vernetzung, die wir in vielerlei Hinsicht erleichternd und bereichernd in unserem Berufs- und Privatleben empfinden, hat also auch ihre Schattenseiten.

Selbstoptimierung – der Druck perfekt zu sein

Die Welt hat sich nicht nur negativ verändert, sondern bietet heutzutage viele Vorteile und Möglichkeiten, die uns früher nicht zur Verfügung standen. Wir sind besser informiert und haben Zugang zu Komfort und Luxus.

Wir sind heute viel freier als früher – frei in unserer Wahl, frei in unseren Entscheidungen, frei in unserer Selbstverwirklichung. Früher gab es feste Vorgaben. Wollte man dazu gehören, dann waren der sonntägliche Gang zur Kirche, das Vereinsleben in der Gemeinde, das Straßenfest der Nachbarn Pflicht. Und es gab viele weitere Regeln, an die sich jeder halten musste, Vorgaben aus Gemeinde, Kirche oder Elternhaus. Heutzutage schreibt uns niemand mehr vor, wann der Rasen zu mähen ist, ob und wann man sich am Gemeindeleben beteiligen sollte. Nahezu alle Limitierungen scheinen aufgehoben. Selbst das Sendeschluss-Signal gibt es nicht mehr im Fernsehen.

Ob im Beruf oder in der Freizeit, in Partnerschaft und Familie, in der Kindererziehung, unser Aussehen und Fitness betreffend, ob Urlaub oder Ehrenamt: Wir haben die eigene, uneingeschränkte Freiheit, unser Leben zu gestalten und nach unseren Maßstäben zu optimieren. Es gibt Abertausend Möglichkeiten.

Perfektion als Statussymbol

Doch so viele Optionen es auch gibt, sich selbst zu verwirklichen – allen gemeinsam ist eines: Perfektion ist dabei zu einem der wichtigsten Ziele ernannt worden. Während als das Perfekte noch vor ein paar Jahrzehnten in erster Linie finanzieller Wohlstand, Macht und Einfluss galten, die mit den entsprechenden Statussymbolen, so z. B. einer exklusiven Uhr, einem teuren Auto oder einem kostspieligen Urlaub, für alle sichtbar dargestellt wurden, sind es heute darüber hinaus auch noch andere Dinge, die persönlichen Erfolg und hohe Leistungsbereitschaft symbolisieren.

Das Repertoire der Statussymbole hat sich erweitert: Je mehr wir uns selbst optimieren, desto besser und erfolgreicher wirken wir auf andere. Eine schlanke Figur, glatte und reine Haut, optimales Aussehen und Fitness rufen Bewunderung hervor. Wer sportlich und trainiert ist, gilt als diszipliniert. Ehrenamtliche Tätigkeiten zeugen von hipper Selbstlosigkeit (»Ich nehme mir Zeit für andere«) und Freizeitaktivitäten, wie z. B. Skifahren, Wandern, Teamsport, signalisieren anderen, dass man es sich leisten kann, Geld und vor allem Zeit für sich zu investieren. Einen Marathon zu laufen, zeugt von langfristiger Überwindung des allseits gefürchteten »inneren Schweinehundes«, von extremer Leistungsbereitschaft und eisernem Willen. Reflektiert zu sein, zeugt von Achtsamkeit, Klarheit und Authentizität.

Zur Selbstoptimierung gehört auch, dass man über den dazu gehörigen Willen und das Wissen verfügt, das richtige Maß zu finden: schlank, aber nicht dünn – fit, aber nicht übertrainiert – gesund, aber nicht verklemmt oder dogmatisch. Offen für Neues und doch bodenständig. Optimaler Umgang mit seiner Zeit, um der Familie, den Freunden, sich selbst und seinem Beruf perfekt gerecht zu werden.

Auch der »Stress« ist ein Symbol für Leistung und Zielstrebigkeit geworden. Wer heutzutage nicht gestresst ist, gibt nicht sein Bestes, arbeitet wenig oder gilt sogar als faul und lustlos. Je stressiger der eigene Alltag ist, umso deutlicher wird, wie erfolgreich und unverzichtbar wir sind.

Da die früher vorhandenen Einschränkungen nicht mehr vorhanden sind und alle Wege jedem offenstehen, hat letztendlich auch jeder die Freiheit und Macht, alles selbst zu gestalten. Er braucht nur Willen, Disziplin und perfekte Selbstoptimierung. Dass das machbar ist, bekommen wir tagtäglich durch die Medien und Social Networks vorgeführt. Dort finden wir viele Beispiele erfolgreicher und glücklicher Menschen, die unsere eigenen Vorstellungen vom perfekten Leben verkörpern.

BEISPIEL

Stefan ist Chief Customer Officer (CCO) eines erfolgreichen Unternehmens, 33 Jahre alt und glücklicher Familienvater. Er nippt an seinem überaus gesunden Oolong-Tee, sein Aussehen ist perfekt gestaltet, sein Körper schlank und durchtrainiert. Alles an ihm ist gepflegt und fit. Er ist erfolgreich, sportlich, gesund und glücklich. Er ist präsent in seinem Unternehmen und bekannt für seine gute Beziehung und sein aktives Freizeitleben. Er erzählt von seinem Urlaub auf malerischen Inseln, wo er bereits vom ersten Tag an die Erholung genießen kann.

Er hat erreicht, was viele Menschen sich wünschen.

Die Kehrseite solcher positiven Beispiele ist jedoch, dass man dadurch auch die eigenen Defizite deutlicher wahrnimmt. Es wird ein leises, aber permanentes schlechtes Gewissen aufgebaut, das an uns nagt und uns unter Stress setzt.

BEISPIEL

Hier eine von vielen ähnlichen Teilnehmerstimmen aus unseren Seminaren: »Ich habe einen guten Job, der mir im Großen und Ganzen Spaß macht, und bin auch erfolgreich. Meine Familie, meine Kinder sind mir wichtig, und die Zeit mit ihnen ist mir heilig. Ich habe gute Freunde, gehe zum Sport und achte auf meine Ernährung. Eigentlich passt alles.«

Wenn wir das Wörtchen »eigentlich« hinterfragen, hören wir mehr:

»Wenn da nicht immer wieder diese innere Unruhe wäre. Die Arbeit stresst mich mehr als früher. Obwohl ich nach wie vor gut strukturiert bin und Prioritäten setze, passieren mir Fehler oder es gibt Ärger mit den Kollegen. Ich reagiere zunehmend schneller genervt und ablehnend. Obwohl mir meine Familie sehr am Herzen liegt, bin ich auch zu Hause oft ungeduldig, verärgert und möchte einfach nur meine Ruhe haben.

Wenn ich ehrlich bin, habe ich in letzter Zeit nur noch wenig Sport gemacht. Ich spüre, wie meine Fitness nachlässt, und zugenommen habe ich auch. Für gesundes Essen fehlt mir oft die Zeit. Während der Arbeit esse ich schnell und nebenbei etwas vom Bäcker. Zu Hause kommt aus Zeitgründen viel Junkfood auf den Tisch, obwohl mir bewusst ist, dass das nicht gesund ist.

Immer häufiger will ich einfach nur meine Ruhe haben und nicht immer von allen Seiten gedrängt werden. Aber sobald ich abends zur Ruhe komme, schleichen sich immer wieder Fragen wie diese in mein Gehirn: Mache ich alles richtig? Wo nur verschwende ich die Zeit, die ich so dringend bräuchte, um alles zu schaffen? Sollte ich nicht mehr auf mich achten, gesünder leben, mehr Sport treiben? Aber wann um alles in der Welt soll ich das machen? Die Gefühle, die dem folgen, sind sehr unangenehm und lähmen mich, so dass ich mich zu nichts mehr aufraffen kann. Und so verbringe ich die Abende auf dem Sofa mit Wein und dem Fernsehprogramm. Das beruhigt mich, es ist meine Entspannung und ich empfinde es als Belohnung für den durchgetakteten Tag.

Aber nur bis zum nächsten Morgen. Bereits beim Aufwachen erschlägt mich das schlechte Gewissen: Schon wieder keine Zeit für die Familie gehabt, schon wieder Alkohol und Fernsehen! Ich bin müde und zweifle an mir, ob ich jemals die Disziplin aufbringen kann, die andere haben. Tag für Tag wird das schlimmer, und ich weiß nicht, wie ich mich noch optimieren soll, um aus dieser Spirale rauszukommen. Ich habe Angst, dass es jemand merkt und ich nicht mehr die Energie aufbringe, den Schein von Zufriedenheit und Erfolg aufrechterhalten zu können.«

Selbstzweifel und das schlechte Gewissen machen Menschen, denen es so geht, immer mürber und stressen sie von innen heraus. Anders als bei materiellen Statussymbolen, die man sich auf Pump anschaffen kann, gilt bei den Statussymbolen der heutigen Zeit das alte Prinzip »Mehr Schein als Sein« nicht mehr: Fitness, eine tollen Körper und eine Karriere muss man sich selbst ehrlich und hart erarbeiten. Es besteht also der Zwang, es wirklich und vor allem nachhaltig zu schaffen. Wenn wir es nicht (ganz) erreichen, bröckelt mit der Zeit nach und nach unser Selbstvertrauen. Wir werden anfälliger, erschöpfter und machen Fehler. Der Wunsch optimal zu sein, führt so zu innerem Stress.

Zu viel Können und Wissen stresst

Unsere Wahlmöglichkeiten sind heutzutage schier unbegrenzt. Wir können frei entscheiden, welchen Beruf, welchen Partner, welche Art der Entspannung, welchen Sport, welche Freunde, welchen Wohnort, welche Ernährung wir wählen. Wir haben die Qual der Wahl. Je freier wir wählen können, desto mehr können wir dabei falsch machen. Wir fragen uns: Haben wir uns für das Richtige entschieden?

Es erwachsen Zweifel, Unruhe und Sorge ins uns, ob wir mit unseren Entscheidungen auch wirklich das Perfekte für uns gewählt haben. Der Mensch sucht nach Wegen, solche Defizite auszuräumen. Meist geschieht das, indem wir uns informieren. Wir finden überall unzählige Ratschläge, wie es gelingt, sich selbst effizient zu optimieren. Auf allen Plattformen moderner Medien und in Social Networks werden wir tagtäglich mit neuen (und alten) Informationen des »optimalen Optimierens zu höchster Effizienz« konfrontiert.

Das Wissen um die menschliche Perfektion erscheint unerschöpflich und täglich gibt es neue Erkenntnisse dazu, die unsere eigenen Vorsätze wieder ins Wanken bringen. Das zum Teil widersprüchliche Wissen verunsichert uns eher, als dass es uns Zuversicht gibt. Und weil wir Menschen so viel wissen, nagen tief in unserem Unbewussten Zweifel, ob man wirklich alles weiß. Ob man sich sicher sein kann. Ob es nicht noch etwas Besseres, Perfekteres gibt. Diese Zweifel bergen Schuldgefühle, Scham und Ängste in sich, die eine starke Auswirkung auf unsere Widerstandsfähigkeit gegen Stress haben.

Selbstkontrolle und -beobachtung: Trend mit Stresseffekt

Um mehr Sicherheit zu gewinnen, alles richtig zu machen, kommen uns moderne Trends des »Self-Trackings« oder des »Quantified Self« gerade recht. Mithilfe moderner Techniken gelingt es so, sich auf dem Weg zum optimalen Selbst zu beobachten und sich vor allem zu kontrollieren.

Die Idee sich selbst zu beobachten, ist bereits sehr alt. Goethe hatte einen Zwang zur Tagesbilanz, sein Selbstmanagement galt als vorbildlich. Auch Plato sprach von einer »gewissenhaften Selbstbeobachtung«. Heutzutage hilft dabei die digitale Technik. Damit man seinem Ziel nicht untreu wird und sich selbst entwischt, kontrolliert man sich rund um die Uhr mittels Sensoren, Programmen und Apps. Da ist das Fitnessarmband, das Schritte, den Kalorienverbrauch und sportliche Aktivitäten aufzeichnet und zusätzlich die Dauer und Qualität des Schlafes misst und protokolliert. Darüber hinaus gibt es unzählige Apps, die einen auffordern, über die eigene Produktivität und Disziplin Protokoll abzulegen. Ob das nun die Art und Menge der Ernährung betrifft, die Form und Dauer von Entspannungsübungen oder die Erfüllung selbst gesetzter Aufgaben (z. B. eine Sprache lernen) ist – der Mensch beginnt sich obsessiv zu überwachen.

Nun sind diese Apps und Tools nicht grundsätzlich schlecht. Sie bieten viele Vorteile: Sie motivieren uns dazu, unseren Schweinehund zu überwinden und sie liefern uns wertvolle Erkenntnisse über unseren Körper. Schwierig wird es jedoch, wenn daraus ein hoher innerlicher Druck entsteht, ein Zwang, sich mit anderen zu vergleichen und für sich selbst Maßstäbe anzusetzen, die, in Konkurrenz mit dem Umfeld um die höchste persönliche Leistung, nicht mehr einzuhalten sind. Zwangsläufig resultieren daraus dann stressverschärfende Emotionen wie Frust, Unzufriedenheit, Machtlosigkeit und Resignation.

Selbstwahrnehmung als Lösung

Es gilt also einen Mittelweg zu finden. Der Schlüssel dazu lautet: Selbstwahrnehmung. Nicht nur die laut Fitness-Tracker 10.000 geschafften Schritte sind entscheidend, sondern auch das Hineinfühlen in sich, ob diese Schritte gutgetan haben und eine innerliche und muskuläre Entspannung wahrzunehmen ist.

> Verbinden Sie Wissen und Technik mit Achtsamkeit!

Mit sich selbst achtsam umzugehen, seine Gedanken, Zweifel und Sorgen zu spüren und zu reflektieren, ist demnach die Voraussetzung, um die gewonnene Freiheit unserer heutigen Zeit und all die hilfreichen Techniken und Tipps zum eigenen Vorteil nutzen zu können. Nur dann lässt sich Selbstoptimierung auf ein gesundes Maß beschränken, das uns entspricht und damit Stress vermeidet (Übungen zur Achtsamkeit finden Sie im Kapitel »Multimodales Stressmanagement«).

Reflexion: Tun Sie das Richtige für sich und Ihren Körper?

Nehmen Sie sich Zeit und fühlen Sie in sich hinein. Ist das, was Sie für sich und Ihren Körper tun, das Richtige?

Kreuzen Sie die für Sie stimmige Antwort an: ☹ steht für »eher nicht«; ☺ steht für »eher ja«.

Welche Aussage trifft zu?	☹	☺
Ich bewege mich ausreichend.		
Der Sport, den ich mache, ist genau der richtige für mich. (Kontrollfragen: Tut er meinem Körper gut? Fühle ich mich gut danach?)		
Ich mache mein Sportprogramm, meine Trainingseinheiten gerne.		
Ich habe mir in meinem Sport realistische Ziele gesetzt. (Kontrollfrage: Habe ich mir Ziele gesetzt, die nur schwer für mich erreichbar sind?)		
Ich schlafe ausreichend. (Normalfall: 7 bis 9 Stunden pro Tag)		

Welche Aussage trifft zu?	☹	☺
Mein Schlaf ist erholsam. (Kontrollfragen: Schlafe ich durch? Fühle ich mich am Morgen erholt?)		
Ich esse regelmäßig. (Kontrollfrage: Halte ich feste Essenszeiten ein?)		
Ich ernähre mich richtig. (Kontrollfrage: Bin ich zufrieden mit dem, was ich zu mir nehme?)		
Ich esse bewusst. (Kontrollfrage: Setze ich mich an den Tisch und nehme ich die Mahlzeit bewusst und ohne Ablenkung ein?)		
Ich fühle mich wohl mit meinem derzeitigen Gewicht.		
Meine Arbeit fordert mich, ohne dass sie mich belastet.		
Ich arbeite effizient. (Kontrollfragen: Setze ich Prioritäten? Arbeite ich nach einem flexiblen Zeitplan mein Tagespensum ab?)		
Im Arbeitsalltag verschwende ich keine Zeit. (Beispiele für unproduktives Arbeiten: fehlerverursachendes Parallelarbeiten, Aufschieben unangenehmer Tätigkeiten, unnötiges Kontrollieren etc.)		
Im beruflichen Umfeld kann ich gelassen mit Emotionen umgehen. (Beispiel: Aufgebrachte Kunden oder Konflikte mit Kollegen werfen mich nicht aus der Bahn)		
Ich mache ausreichend Pausen.		
Die Mittagspause nutze ich, um mich zu erholen.		
Meine Aktivitäten in der Freizeit schenken mir die notwendige Erholung.		

Sehen Sie sich Ihre Antworten an. Haben Sie Themen gefunden, die Sie gerne für sich verändern möchten? Was ist das für Sie drängendste Thema? Überlegen Sie, wie Sie es sinnvoll angehen können. Tipps dazu finden Sie in den folgenden Kapiteln.

> Machen Sie sich nicht den Druck, alles auf einmal verändern zu wollen, sondern gehen Sie Veränderungen in kleinen, aber regelmäßigen Schritten an.

Die TOP-5-Stressoren in unserer Berufswelt

Im Durchschnitt leiden in Deutschland etwa 61 % der Erwachsenen unter Stress, so die Stressstudie der Techniker Krankenkasse aus dem Jahr 2016. Es zeigt sich, dass fast die Hälfte der Befragten den Job als Hauptauslöser dafür sieht, gefolgt von den hohen Ansprüchen an sich selbst.

Betrachten wir nun die fünf bedeutendsten, arbeitsbedingten Stressauslöser, die uns im Laufe unserer beruflichen Tätigkeit immer wieder begegnet sind und mit denen, so die Erfahrungen aus Coachings und Seminaren, viele Menschen zu kämpfen haben:

1. Termindruck und Hetze
2. »Wenn die anderen nur …«
3. Nicht auf sich achten
4. Zwischenmenschliche Konflikte
5. Mangelnde Anerkennung

Faktor Nr. 1: Termindruck und Hetze

Bereits im Jahr 2002 ergab eine Umfrage des Instituts für Demoskopie in Allensbach, dass Zeitdruck für fast ein Drittel aller deutschen Arbeitnehmer zum Alltag gehört. Wenn man bedenkt, wie stark sich die Arbeitswelt seitdem verdichtet und beschleunigt hat, dürften es heute noch viel mehr sein. Während es vor 15 Jahren in dieser Umfrage noch ausschließlich um die Dichte beruflicher Termine ging, kommen heutzutage besonders die Verpflichtungen in der Freizeit hinzu. Ob das die Verabredungen mit den Freunden sind, ein Theaterbesuch, das Fitnessstudio, das Engagement im Verein oder die vielen Veranstaltungen der eigenen Kinder oder des Partners, alles wird zur Verpflichtung. Dank der vielen technischen Hilfsmittel, ob Outlook, Online-Kalender oder Apps, bleiben die Termine auch stets präsent. Das Bild nicht zu bewältigender Termine drängt sich in unser limbisches Gehirn (siehe dazu näher das Kap. »Stress entsteht im Gehirn«). Wir fühlen uns fremdbestimmt, machtlos, haben Angst zu versagen und spüren Frust. Umso gestresster der Mensch ist, umso mehr versucht er dem Druck mit Hektik, Multitasking und diszipliniertem Durcharbeiten zu entgegnen. Ob Stau, die verspätete Bahn, der langsame Kassierer an der Kasse – jede Störung in diesem enggefassten System kostet Nerven. Der Stress wächst. Die Zweifel, das alles schaffen zu können, werden immer größer. Für Pausen und bewusste Erholung bleibt keine Zeit mehr.

Faktor Nr. 2: »Wenn die anderen nur ...!«

BEISPIEL

Kirsten beschreibt in einem unserer Seminare die Gründe, warum sie so gestresst ist. Während sie erzählt, nicken die anderen Teilnehmer bestätigend. Es geht ihnen offensichtlich so ähnlich.

»Man könnte sagen, dass ich einen hektischen Alltag habe. Die Abteilung wurde vor zwei Jahren umstrukturiert und wir müssen nun zu dritt die Aufgaben bewältigen, die vorher für fünf Mitarbeiter vorgesehen waren. Zusätzlich komme ich wegen eines Kollegen in Zeitdruck, der nicht bereit ist, meine Anfragen umgehend zu beantworten. Ich brauche von ihm meist dringend Informationen oder Statistiken, muss aber meist mehrmals nachfragen und darauf drängen. Er bewegt sich einfach nicht. Er ignoriert meine E-Mails und motzt mich an, wenn ich ihn zur Rede stelle. Ein Gespräch mit meiner Vorgesetzten hat nichts gebracht, die Situation ist seitdem eher schlimmer geworden. Von unserer Chefin fühlen wir uns ohnehin ziemlich im Stich gelassen: Sie kümmert sich überhaupt nicht darum, dass endlich wieder jemand eingestellt wird, um uns ein bisschen zu entlasten ....«

Für Kirsten und viele andere Menschen steht fest, dass sie ihre Aufgaben besser und termingerechter schafften, wenn die anderen endlich etwas tun oder zumindest verstehen würden, dass sie schuld an dem ganzen Stress sind. Menschen, die so denken wie Kirsten, wären wesentlich gelassener, wenn sie nicht so fremdbestimmt wären, abhängig von dem Wohlwollen und der Arbeitskraft anderer. Es ist schade zu beobachten, wie viel Energie und Kraft Menschen darin investieren, andere Menschen zu verändern. Denn leider sind Bemühungen, andere Menschen zu ändern, nur sehr selten von Erfolg gekrönt. Bei anderen können wir nur Impulse zur Änderung setzen.

Es wäre viel sinnvoller, wenn sie stattdessen ihre Kraft dort einsetzten, wo man etwas ändern kann: bei sich selbst.

> Fragen Sie sich nicht: »Wie kann ich die anderen ändern oder beeinflussen?«, sondern: »Was kann ich für mich tun, damit es mir wieder bessergeht?«

Faktor Nr. 3: Keine Grenzen setzen

Wenn es darum geht, Grenzen zu setzen, denkt man meist an andere Menschen, die es in die Schranken zu weisen gilt. Aber wie steht es bei einem selbst? Viele haben es verlernt, sich und ihrer Arbeitswut und Leistungsbereitschaft Grenzen zu setzen. Sie sind allzeit bereit und always on, also immer erreichbar. E-Mails werden immer und überall gelesen. Anrufe und Gedanken, Planungen und Sorgen aus dem Privatleben unterbrechen in regelmäßigen Abständen das konzentrierte Arbeiten. Nach Feierabend wird weiter über die Arbeit gesprochen, nachgedacht oder sogar weitergearbeitet. Multitasking verwischt die Grenzen zwischen den Aufgaben und das Essen am Arbeitsplatz die klare Trennung zwischen Arbeiten und Pause.

Es ist kein Wunder, dass dieser Punkt zu den Top 5 der Belastungsfaktoren zählt. Die Grenzen zwischen den Aufgaben, zwischen Berufswelt und Privatleben, zwischen den Arbeits- und den Erholungsphasen gibt es bei vielen Berufstätigen nicht mehr. Das fördert ein starkes Gefühl von Machtlosigkeit.

Faktor Nr. 4: Zwischenmenschliche Konflikte

Konflikte mit den Kollegen, im Team, mit dem Chef gehören zum Arbeitsleben dazu. Streitigkeiten, gärende Konflikte, eskalierende Auseinandersetzungen, Kritik und Enttäuschung belasten den Einzelnen stärker als viele andere Stressoren. Solche Unstimmigkeiten lassen sich sehr oft nicht vermeiden. Es ist daher sehr wichtig, sich Ressourcen in Kommunikationstechniken und Konfliktbewältigungsmaßnahmen aufzubauen, um konstruktiv und entstressend damit umzugehen.

Faktor Nr. 5: Mangelnde Anerkennung

In einer Welt voller Möglichkeiten und Freiheiten wächst die Unsicherheit, ob man alles richtigmacht und ob die Entscheidungen, die man getroffen hat, richtig waren. Wir zweifeln und es mangelt uns an Selbstvertrauen. Erst durch Anerkennung von außen können wir innerlich sicher sein, dass wir auf dem richtigen Weg sind. So scheint es zumindest. Das ist der Grund, warum viele Menschen, zum Teil unbewusst, alles dafür tun, um Anerkennung zu erhalten. Die Erwartungen sind hoch, die Enttäuschung, wenn die Anerkennung dann ausbleibt, ist jedoch noch viel größer. Das alles summiert sich zu gleich drei Faktoren, die alle für sich genommen bereits massiv stressen:

- Zweifel mit daraus resultierender Unsicherheit,
- Erhöhung der Anstrengungen mit der Erwartung auf Anerkennung und

- Enttäuschung, wenn die Erwartungen in den Augen der anderen nicht erfüllt sind und daher die Anerkennung ausbleibt.

Auf einen Blick: Stress, der Trend unserer Zeit
▪ Unsere Welt hat sich verändert: Während früher nach harter körperlicher Arbeit ausgeruht und Pause gemacht wurde, kommen wir heute auch in unserer Freizeit nicht zur Ruhe.
▪ Wir haben unzählige Optionen und sind obendrein permanent mit Neuerungen konfrontiert, die uns verunsichern. Hinzukommt, dass gut schon lange nicht mehr gut genug ist: Wir müssen perfekt sein. All das stresst.
▪ Und so verwundert es auch nicht, wenn Umfragen ergeben, dass Termindruck und Hetze an Nummer 1 der TOP-Stressfaktoren stehen.

Unter der Lupe: Was ist Stress?

»Ich bin ja so im Stress!« – Für die meisten Menschen ist Stress negativ. Sie verbinden damit unangenehme Situationen und noch unangenehmere Gefühle.

In diesem Kapitel erfahren Sie u. a., warum Stress

- auch sehr nützlich sein kann,
- uns immer wieder die gleiche Falle stellt,
- von jedem anders empfunden wird,
- hausgemacht ist und welchen großen Eigenanteil wir daran haben.

Warum Stress nicht immer gleich schlecht ist

Ursprünglich stammt der englische Begriff »Stress« aus der Physik, wo er das Verhalten von Elementarteilchen unter Druck charakterisiert. Erst 1950 wurde das Wort von dem ungarisch-kanadischen Mediziner und Stressforscher Hans Selye für das Unter-Druck-Geraten mit all seinen körperlichen, geistigen und seelischen Auswirkungen verwendet.

Im weiteren Sinne ist Stress ein universelles Phänomen, das das Verhalten, die Anpassungsfähigkeit, die Gefühle und die körperlichen Reaktionen aller Organismen erheblich beeinflusst. Aus diesem Grund wird Stress auch oft als »körperlicher oder seelischer Zustand der Belastung« definiert.

Stress hat einen schlechten Ruf. Er wird meist gleichgesetzt mit etwas Negativem.

Positiv empfundener Stress: der Eustress

Nicht jeder Stress ist negativ oder macht gar krank. Es gibt Stress, der das Leben ganz im Gegenteil sehr lebenswert macht. Manche gehen sogar so weit zu sagen, dass er die Würze des Lebens darstellt. Der Stressforscher Hans Selye drückte es noch universeller aus: »Stress ist Leben«.

BEISPIEL

Anke fühlt sich, als könnte sie Bäume ausreißen. Dabei liegt ein anstrengender 12-Stunden-Tag hinter ihr. Sie hatte unzählige Meetings für die neue Werbekampagne. Alles läuft wie am Schnürchen, Einwände konnte sie entkräften, die Zustimmung wichtiger Entscheider gewinnen. Sie fällt glücklich und zufrieden in ihr Bett, schläft mit einem Lächeln auf dem Gesicht und positiven Gedanken ein. Nach einer erholsamen Nacht startet sie frühmorgens mit Elan in den nächsten prallvollen Arbeitstag.

Wir brauchen Stress = Spannung, um unser Leben meistern zu können. Geraten wir in Anspannungssituationen, werden Stresshormone freigesetzt, die wichtige und positive Aufgaben haben.

- Adrenalin sorgt dafür, dass die Atemwege sich weiten. Dadurch können wir mehr Sauerstoff aufnehmen. Der Herzschlag wird schneller, der Blutdruck steigt, so dass wichtige Organe, wie das Herz, Gehirn, die Lunge, und die Muskulatur angeregt werden und kraftvoller arbeiten. Währenddessen werden andere energieverbrauchende Organtätigkeiten für eine Weile zurückgehalten (z. B. Verdauungstrakt), um die Energien für die Bewältigung der Situation zu bündeln. Dies alles führt zu einer Förderung der Leistungsfähigkeit.
- Noradrenalin sorgt für den inneren Antrieb und einen klaren Kopf. Es fördert eine erhöhte Aufmerksamkeit und Denkfähigkeit.
- Cortisol ist das wichtigste Anti-Stress-Hormon. Es schützt den Körper vor den negativen Folgen starken Stresses. Es sorgt für eine sinnvolle Anpassung an die aktuellen Bedingungen und stellt Zucker bereit, um den Körper mit Energie zu versorgen. Es wirkt als Aufputschmittel und hat im Gegensatz zu Adrenalin und Noradrenalin eine Langzeitwirkung.

Körperliche Auswirkungen der Stresshormone	
Gehirn	Die Durchblutung wird gesteigert. Die Wahrnehmung ist nach außen gerichtet, um neue Informationen aus der Umgebung blitzschnell aufnehmen und verarbeiten zu können. Gleichzeitig ist der Zugang zu Gedächtnisinhalten blockiert.
Atmung	Die Bronchien erweitern sich und die Atmung wird schneller und flacher. Der Schwerpunkt der Atmung liegt auf dem Einatmen, während die Ausatmung weniger tief ist. Dies führt zu einer gesteigerten Sauerstoffaufnahme.
Herz-Kreislauf	Das Blut wird umverteilt, um schnell reagieren zu können: Die Durchblutung des Herzens wird erhöht, die Herzschlagrate steigt an. Der Blutdruck steigt. Die Blutgefäße des Herzens, des Gehirns und der großen Arbeitsmuskeln werden weiter gestellt. Gleichzeitig verengen sich die Blutgefäße der Haut, der Köperperipherie (kalte Hände und Füße) und des Verdauungstraktes.
Muskulatur	Die Durchblutung wird verbessert und damit die Versorgung der Muskeln mit Sauerstoff und Energie. Zum Schutz vor äußeren Einwirkungen wird die Muskelspannung erhöht, besonders die der Schulter-, Nacken- und Rückenmuskulatur, ebenso der Bauchdecke. Die motorischen Reflexe sind verbessert.
Stoffwechsel	Zucker- und Fettreserven werden vermehrt in das Blut abgegeben und so für das Gehirn und die Muskulatur bereitgestellt.
Verdauung	Die Durchblutung des Darms wird gehemmt. Die Verdauungstätigkeit wird gedrosselt.
Haut	Die Energieproduktion erzeugt Wärme. Wir schwitzen.

Körperliche Auswirkungen der Stresshormone	
Immunsystem	Es kommt zu einem Anstieg der natürlichen Killerzellen im Blut.
Schmerz	Es werden mehr körpereigene Schmerzhemmstoffe, die sog. Endorphine, ausgeschüttet. Das führt zu einer verminderten Schmerzempfindlichkeit bis hin zur sog. Stress-Analgesie, d.h. einer weitgehenden Unempfindlichkeit gegenüber schmerzhaften Reizen.

Die Sache hat jedoch einen Haken: Nur wenn auf eine Anspannungsphase auch eine Phase der Regeneration folgt, kann Stress positiv wirken. Dauert die Anspannung zu lange an und gibt es keine Chance zur Erholung, kehren sich die Wirkungen um: aus positivem Stress wird negativer Stress, der sog. Distress.

Negativ empfundener Stress: der Distress

Kommt es zu einer Überlastung, weil ein Missverhältnis zwischen dem, was man möchte (Anforderungen), und dem, was man kann (Bewältigungsmöglichkeiten), besteht und gelingt es uns nicht, dieses Missverhältnis auszugleichen, spitzt sich dieser Zustand in einer Daueranspannung zu. Wir empfinden dann negativen Stress, sog. Distress.

Anders als Eustress spornt Distress weder körperlich, seelisch noch geistig an. Er blockiert die Harmonie des Körpers und kann sich im schlimmsten Fall schädigend auf die Funktionen des Organismus und damit letztlich auf unsere Gesundheit auswirken. Denn negativer Stress schwächt den körpereigenen Schutzschild, was umso schlimmere Auswirkungen haben kann, je länger der Distress andauert.

Pauschale Werte gibt es hier jedoch nicht. Bei jedem wirkt sich Distress anders aus. So wie der positive Stress ist auch der negative Stress eine »subjektive Wirklichkeit«, die von Individuum zu Individuum variiert.

> Mit dem richtigen Selbstmanagement und den passenden Strategien zur Erholung, Entspannung und Ruhe lassen sich die Auswirkungen von (kurzfristigem) Distress ohne Einschränkung aufheben und in positiven Eustress umwandeln.

Die Stressfalle

Eustress macht uns »high«: Die Stresshormone Adrenalin, Noradrenalin und Cortisol geben uns Energie, Kraft und machen uns leistungsfähig. Sie erzeugen in uns den Eindruck, in immer kürzerer Zeit immer mehr schaffen zu können. Dazu gesellt sich das Gefühl von Erfolg, das wiederum die Produktion von Glückshormonen, den Endorphinen, in unserem Gehirn anstößt. Diese Situation ist so angenehm, dass auch noch das Wohlfühlhormon Oxytocin ausgeschüttet wird. Ein Hormoncocktail, der süchtig machen kann.

Doch das Limit körpereigener Hormone ist rasch erreicht. Daher greift der Mensch bei wachsendem Stresslevel instinktiv gern auf übertriebene Handlungen zurück, um den gewünschten Hormonspiegel aufrechtzuerhalten. Ob es nun übermäßiges Arbeiten oder Essen, Extremsport oder der übertriebene Konsum von Zigaretten oder Alkohol ist, spielt keine Rolle: Es zählt dabei nur, dieses Hochgefühl wieder zu spüren.

Um nicht in die Gefahr dieser Stressspirale zu geraten, ist es wichtig, auf euphorische Arbeitsphasen Phasen der Entspannung folgen zu lassen. Nutzen Sie Schlaf, Geselligkeit und Wellness für Körper und Seele, um sich in entspanntem Zustand Glückshormone zu holen (mehr dazu im Kapitel »Multimodales Stressmanagement«).

Warum jeder Stress anders empfindet

BEISPIEL

Michael Dorn setzt sich nach einem Tag voller Meetings in seinen Wagen und fährt mit dem festen Vorsatz nach Hause, jetzt den Feierabend zu genießen, sich etwas Gutes zu tun und keinen Gedanken an die Arbeit zu verschwenden. Er ist zufrieden, seine Präsentation hat einwandfrei geklappt. Doch bereits auf der Autobahn beginnen seine Gedanken zu kreisen: »Wie wohl die Präsentation bei den Kunden angekommen ist? Habe ich unsere Produkte gut verkauft? Wie habe ich gewirkt? Was passiert, wenn der Vertrag platzt?« Zu Hause angekommen sind diese Gedanken erst einmal passé: Er isst mit seiner Familie zu Abend und macht zur Entspannung noch einen Spaziergang durch die Felder. Doch danach kehren zu seinem eigenen Ärger die Gedanken wieder zurück und bleiben trotz der abendlichen Ablenkung. Nachts wird er wach und kann nicht mehr einschlafen. Er denkt wieder darüber nach …

Es war ein erfolgreicher Tag für Michael und trotzdem kommen bereits auf dem Weg nach Hause Zweifel auf. Seine Gedanken beginnen zu kreisen und werden immer negativer. Zweifel, Unsicherheit und Schamgefühle entstehen und verstärken sich immer weiter. Und das ohne ersichtlichen Grund. Michael ärgert sich darüber und ist enttäuscht, dass der entspannte Feierabend, den er sich erhofft hatte, dadurch verdorben wird. Er schläft schlecht, die Regeneration bleibt aus und er wird daher am nächsten Morgen müder und weniger leistungsfähig zur Arbeit gehen.

BEISPIEL

Die gleiche Situation mit einer anderen Person: Auch Karsten Wilde setzt sich nach dem erfolgreichen Tag in sein Auto und fährt nach Hause. Auch er freut sich auf einen entspannten Abend. Seine Heimfahrt verläuft reibungslos und er genießt das Abendessen mit seiner Familie. Er lacht viel und dankt seiner Frau für das gute Essen. Danach macht er zur Entspannung seinen gewohnten Spaziergang durch die Felder und verbringt den restlichen Abend entspannt auf dem Sofa. Er schläft ruhig und geht am nächsten Morgen erholt ins Büro. Nicht einen Augenblick haben ihn Gedanken an seine Arbeit gestört.

Erkenntnisse aus der Stressforschung

Weswegen ist das Erlebte für den einen so belastend und für den anderen nicht? Mit dieser Frage haben sich einige bekannte Stressforscher beschäftigt. Sie kamen zu dem Schluss, dass das Stressgeschehen sich durch ganz individuelle Einstellungen, Werte und Erfahrungen sowie die jeweilige Persönlichkeit des Einzelnen auf mehreren Ebenen darstellt und sich daher ganz unterschiedlich auswirkt.

1972 veröffentlichte der amerikanische Psychologe Richard Lazarus nach langjährigen Forschungen zu den Bedingungen und der Beschaffenheit von Stressreaktionen das sog. transaktionale Stressmodell:

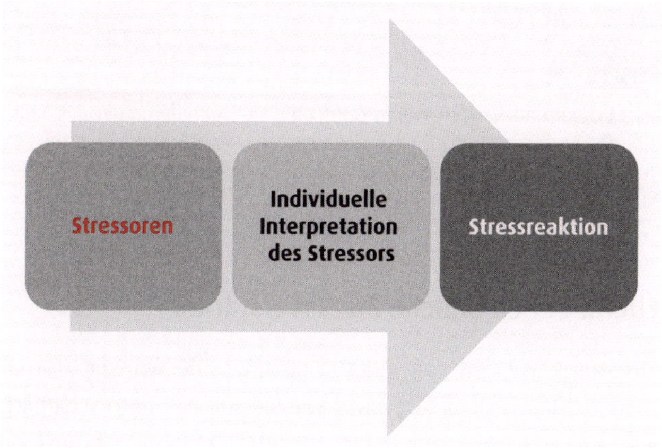

Transaktionales Stressmodell

Auch Prof. Dr. Gert Kaluza, Gründer des GKM-Instituts für Gesundheitspsychologie, kam in seiner 20-jährigen Tätigkeit als Wissenschaftler und Psychotherapeut zum gleichen Schluss:

Stressmodell nach Kaluza	
Ebene 1	Stressoren
Ebene 2	Persönliche Stressverstärker
Ebene 3	Stressreaktion

Kommen wir zurück zu den Beispielen, um uns diese Modelle näher anzusehen.

Ebene 1: Stressor

Stressoren sind Faktoren, die in uns Stress auslösen können. Klassische Stressoren können z. B. Termindruck, Anforderungen, Verantwortung, Störungen, Konflikte und parallel laufende Aufgaben sein.

BEISPIEL

Für Michael und Karsten waren Stressoren die Anforderungen des Tages und der Termindruck, weil die Präsentation rechtzeitig fertig sein musste, der Erfolgsdruck und der innere Unmut, als der Kunde besonders intensive Nachfragen zur Darstellung hatte.

Ebene 2: Persönliche Stressverstärker

Stressoren werden von jedem von uns unterschiedlich empfunden. Das liegt daran, dass wir sie jeweils unterschiedlich interpretieren. Abhängig ist diese Interpretation von unseren individuellen Werten, Erfahrungen und unseren Persönlichkeitsfaktoren. Auch die Art unserer Gedanken sowie Empfindungen und Überlegungen spielen hier eine wesentliche Rolle.

Stressverstärker sind z. B. das Bestreben,

- perfekt zu sein,
- besonders schnell zu sein,
- alles alleine zu machen,
- besser zu sein als die anderen,

- es allen recht zu machen,
- stark zu sein.

Negative Emotionen, so z.B. Ärger und Frust – auch losgelöst von der konkreten Situation – können ebenso Stress verstärken.

BEISPIEL

Karsten hat ein stabiles Selbstbild und ist aufgrund seiner Erfahrungen davon überzeugt, auch belastende Tage bewältigen zu können. Er fürchtet sich nicht vor Fehlern oder Misserfolgen, sondern sieht diese als Möglichkeit sich weiterzuentwickeln. Er kennt seine Grenzen und erachtet es als sehr wertvoll, in Extremsituationen auch um Rat und Unterstützung bitten zu können. Prinzipiell ist er zufrieden, glücklich, fühlt sich wohl und ist dankbar für seine Arbeit und seine Familie. In einer stressigen Situation setzt er sich nicht auch noch selbst unter Druck durch negative Emotionen, Gedanken oder übertriebene innere Antreiber.

Michael dagegen hat den Anspruch an sich, seine Arbeiten mehr als hundertprozentig zu erledigen und keine Fehler dabei zu machen. Unterstützung von anderen nützt ihm nicht viel, da niemand seinem Qualitätsanspruch genügt. Er zweifelt permanent an sich, unter anderem, ob seine Außendarstellung perfekt und überzeugend genug ist. Jeder Fehltritt ist für ihn wie ein Versagen. Er ist glücklich mit seiner Familie, aber er fühlt sich überfordert und übermüdet. Michael weist starke persönliche Stressverstärker auf: Er setzt sich selbst unter Druck, sowohl bei der Arbeit als auch im Privatleben.

Ebene 3: Stressreaktion

Stressoren führen abhängig von unserer individuellen Bewertung (Ebene 2) zu einer Stressreaktion.

Typische Stressreaktionen sind z. B.

- Reizbarkeit,
- Unkonzentriertheit,
- Erschöpfung,
- Zynismus,
- Angriffslust,
- Traurigkeit,
- Rückzug,
- Resignation,
- negative Emotionen, so z. B. das Gefühl, ungerecht behandelt oder benachteiligt zu werden, Gefühle der Hilf- oder Machtlosigkeit, Angst und Unsicherheit, Zweifel.

BEISPIEL

Karsten ist nach so einem intensiven Arbeitstag erschöpft, aber zufrieden.

Michael jedoch nimmt, verstärkt durch die zweite Ebene, diesen intensiven Arbeitstag als sehr belastend wahr. Sein Stresssystem schüttet Stresshormone aus, die sein Verhalten und seine Gedanken auch bis spät in die Nacht hinein beeinflussen.

Was uns in Stress versetzt: die Stressoren in unserem Leben

Stressoren sind all diejenigen Faktoren, in deren Folge es zur Auslösung einer Stressreaktion kommen kann. Ob wir etwas als Stressor einstufen oder nicht und in welchem Maße, ist von einer automatisiert ablaufenden Bewertung abhängig, von der wir nichts wahrnehmen. In diese Bewertung fließen unser Gesundheitszustand, unsere Erziehung und unsere Erbanlagen mit ein.

Stressoren lassen sich – abhängig von ihrer Entstehungsursache – in unterschiedliche Typen einteilen.

Stressoren	
Physikalische Stressoren	Lärm, Hitze, Kälte, Nässe
Leistungsstressoren	Zeitdruck, Überforderung, Unterforderung, Umsetzungsdruck, Multitasking oder Parallelprojekte und häufige Unterbrechungen
Soziale Stressoren	Konflikte mit Mitmenschen, Vorgesetzten oder Kunden, wenig Entscheidungsautonomie, Intransparenz, Kontrollverlust, fehlende Kommunikation, Isolation, Konkurrenz oder Mobbing
Körperliche Stressoren	Verletzung, Krankheit, Schmerz, Hunger, Bewegungsmangel, falsche Ernährung oder erhöhter Konsum von Stimulanzien, Tabletten, Zigaretten oder Alkohol

Auch Zukunftsängste und Angriffe von außen oder »Jagdsituationen« (z.B. die Schnäppchenjagd am Wühltisch) sowie Reizüberflutung und Informationsüberfluss (z.B. via Telefon, Fernsehen, Printmedien, Computer) können Stressoren sein.

Es gibt jedoch auch innere Stressoren wie z.B. fehlendes Selbstvertrauen und Selbstbewusstsein. Auslöser hierfür sind meist Glaubenssätze und Wertvorstellungen, die wir im Laufe unseres Lebens erfahren und adaptiert haben. Ursprünglich von außen geprägt, dann jedoch innerlich verfestigt, steuern sie zum Teil unbewusst die individuellen Reaktionen des Einzelnen.

Identifizieren Sie Ihre Stressoren

Mithilfe der folgenden Tabelle können Sie ermitteln, welche Stressoren in Ihrem Leben eine Rolle spielen und wie sehr Sie diese belasten. Verfahren Sie dabei wie folgt: Tragen Sie zunächst ein, wie häufig Sie von den aufgeführten Stressoren betroffen sind und wie störend Sie das empfinden. Multiplizieren Sie dann die Zahlen in den jeweiligen Zeilen miteinander:

Häufigkeit × Bewertung = Ergebnis pro Stressor

BEISPIEL

Hohes Arbeitstempo

Häufigkeit: sehr oft = 3 Punkte

Bewertung: störend = 2 Punkte.

Ergebnis = 6

	Häufigkeit				Bewertung				Ergebnis
	Nie	Manchmal	Häufig	Sehr oft	Nicht störend	Kaum störend	Ziemlich störend	Stark störend	
Stressoren	0	1	2	3	0	1	2	3	
Hohes Arbeitspensum/ Arbeitstempo									
Zeitmangel, Termindruck									
Multitasking									
Unzufriedenheit durch ständige Veränderungen									
Langeweile, Unterforderung oder zu viel Routine am Arbeitsplatz									
Tägliche Staus, lange Anfahrten oder häufige Dienstreisen									
Disharmonien oder Unhöflichkeiten am Arbeitsplatz									
Ständige Konflikte am Arbeitsplatz mit Kollegen, Vorgesetzten oder Kunden									

	Häufigkeit				Bewertung				
	Nie	Manchmal	Häufig	Sehr oft	Nicht störend	Kaum störend	Ziemlich störend	Stark störend	Ergebnis
Stressoren	0	1	2	3	0	1	2	3	
Unzufriedenheit mit den Arbeitsbedingungen oder -zeiten (z. B. Lärm, Unberechenbarkeit, Hitze, Kälte)									
Ständige Störungen und Unterbrechungen									
Ständige Erreichbarkeit (z. B. via E-Mail, Handy)									
Dauerndes Telefonklingeln									
Neuer Verantwortungsbereich									
Anforderungen am Arbeitsplatz oder privat, denen ich nicht gerecht werden kann									
Einführung neuer Arbeitsmethoden und Technologien									
Informationsüberflutung oder Informationsmangel									

	Häufigkeit				Bewertung				
	Nie	Manchmal	Häufig	Sehr oft	Nicht störend	Kaum störend	Ziemlich störend	Stark störend	Ergebnis
Stressoren	0	1	2	3	0	1	2	3	
Aufstiegs- oder Konkurrenzkampf									
Ungenaue Anweisungen und Vorgaben									
Hohe Verantwortung am Arbeitsplatz									
Mangelnde Wertschätzung und Anerkennung der eigenen Arbeitsleistung									
Doppelbelastung Familie und Beruf									
Familiäre Verpflichtungen (z.B. Haushalt, Pflege von Angehörigen, Kinderbetreuung)									
Soziale/ehrenamtliche Verpflichtungen (z.B. in Vereinen)									
Gesundheitliche Probleme (z.B. Krankheiten, Folgen von Krankheiten oder chronische Leiden) bei mir oder anderen									

	Häufigkeit				Bewertung				
	Nie	Manchmal	Häufig	Sehr oft	Nicht störend	Kaum störend	Ziemlich störend	Stark störend	Ergebnis
Stressoren	0	1	2	3	0	1	2	3	
Ehe- oder Partnerschaftskonflikte									
Probleme mit den Kindern (z. B. Erziehung, Schule)									
Finanzielle Sorgen									
Konflikte und Streitigkeiten im privaten Umfeld (Familie, Freunde, Nachbarn, Vermieter ...)									
Verlust von Freunden, fehlende Freundschaften									
Ungerechtfertigte Kritik									
Unzufriedenheit mit der Wohnsituation									
Zeiteinteilung des Tagesablaufes (z. B. dass die Planung nie eingehalten werden kann)									
Zu wenig Schlaf									

Stressoren	Häufigkeit				Bewertung				Ergebnis
	Nie	Manchmal	Häufig	Sehr oft	Nicht störend	Kaum störend	Ziemlich störend	Stark störend	
	0	1	2	3	0	1	2	3	
Unausgewogene Ernährung (z. B. keine Zeit zum Essen, Zwischendurch-Essen, Fastfood)									
Furcht vor einer Verschlechterung der Lebenssituation (z. B. durch Krankheit, Stressbelastung, Arbeitslosigkeit)									
Unzufriedenheit mit dem Aussehen									
Zu wenig bis keine Bewegung und frische Luft									
Angst um Freunde oder Angehörige (z. B. wegen Krankheit)									
Rauchen									
Alkoholkonsum									
... (hier können Sie weitere Belastungen nennen)									

Quelle: eigene Darstellung

Betrachten Sie nun die Spalte »Ergebnis«. Punktwerte bis 4 sind belastend. Punktwerte ab 6 sind stressend. Erstellen Sie Ihre ganz persönliche Belastungshierarchie, indem Sie die Stressoren, die bei Ihnen hohe Punktwerte haben, in die folgende Tabelle eintragen. An Rang Nr. 1 stehen die Stressoren mit den höchsten Punktwerten.

Meine persönliche Belastungshierarchie:
1.
2.
3.

Selbst schuld! Unsere ganz persönlichen Stressverstärker

Innere stressverstärkende Gedanken basieren auf unseren persönlichen Motiven, Einstellungen und Bewertungen und tragen dazu bei, dass Stressreaktionen ausgelöst oder verstärkt werden. Sie stellen gewissermaßen den »eigenen Anteil« des Betroffenen am Stressgeschehen dar.

Ein ausgeprägtes Profilierungsstreben, Perfektionsstreben und besonders auch die Unfähigkeit, eigene Leistungsgrenzen zu akzeptieren, sind Beispiele für solche persönlichen Stressverstärker. Auch die Vorstellung, selbst unentbehrlich zu sein, die es nicht erlaubt, Unterstützung von anderen anzunehmen, zählt dazu.

Häufig wird Stress dazu genutzt, unangenehmen seelischen Wirklichkeiten, die man nicht wahrhaben will, aus dem Wege zu gehen. Man setzt sich unter Druck, um innere Leere, depressive Verstimmungen, Gefühle von Sinnlosigkeit und Einsamkeit nicht aufkommen zu lassen. Stress wird so gewissermaßen ein Mittel zur Flucht vor sich selbst.

Welche Gedanken machen Sie sich?

Eine Möglichkeit, seine Stressverstärker besser kennenzulernen, ist, sich auf seine stressverschärfenden Gedanken zu konzentrieren. Welche Gedanken verstärken Ihren Stress? Finden Sie es heraus, indem Sie die folgenden Abschnitte aufmerksam durchlesen. Sicherlich kommen Ihnen die Profile, die hier gezeichnet werden, auf die eine oder andere Weise bekannt vor.

Sie können auch mithilfe eines ausführlichen Tests Ihr persönliches Stressverstärkerprofil erstellen. Den Test finden Sie zum Download auf haufe.de/mybook nach Eingabe des Codes TGA-HL12 in der Rubrik »Kommunikation & Soft Skills«.

Stressverstärker: »Behalte alles unbedingt immer unter Kontrolle!«

Hinter diesem Stressverstärker steht das Bedürfnis nach Sicherheit und Kontrolle im eigenen Leben. Wer ihn aufweist und in Stress gerät, versucht, durch starkes Kontrollieren möglichst alle Fäden in der Hand zu behalten. Situationen, in denen Fehlentscheidungen, Risiken und Kontrollverlust möglich sind, werden als extrem belastend empfunden. Das ganze Verhalten wird darauf ausgerichtet, alle Situationen beherrschbar zu machen. Arbeiten werden nicht mehr delegiert, das Vertrauen in die Fähigkeiten von Kollegen, Vorgesetzten, aber auch von privaten Personen wie Partnern, Familie oder Freunden geht verloren. Das führt wiederum dazu, dass die ganze Verantwortung und zum Teil auch Tätigkeiten selbst übernommen werden, um Risiko zu vermeiden.

Personen mit einem ausgeprägten Kontrollmotiv neigen dazu, sich ständig Sorgen zu machen. Es kostet sie viel Anstrengung, Entscheidungen zu treffen, denn ihre Angst, Fehler zu begehen und die Macht über die Situation zu verlieren, ist viel zu groß.

Langfristig führt dieser Stressverstärker zur Selbstüberforderung und zu einer tiefen Verunsicherung, da eine vollständige Sicherheit und Kontrolle in unserem Leben tatsächlich nicht zu erreichen ist.

Chancen und Risiken für Menschen mit diesem Stressverstärker	
Positiv	Klarheit, Sicherheit und Risikokontrolle
Negativ	Bei zu großer Ausprägung des Stressverstärkers: Misstrauen, Kontrollzwang, Selbstüberforderung

Stressverstärker: »Halte um jeden Preis durch«

Hinter diesem Stressverstärker steht das innere Streben nach Lustgewinn und Unlustvermeidung. In Stresssituationen wird diese Motivation massiv unterdrückt. Es geht dann nicht mehr darum, dass es einem selbst gut geht, sondern darum, das eigene Bedürfnis zu unterdrücken und um jeden Preis durchzuhalten. Dies kann dazu führen, dass der Betreffende sich keine Pausen mehr erlaubt. Alles, was Körper und Geist erholt, wird verboten; eigene Körperempfindungen, die signalisieren, dass es zu viel wird, werden ignoriert. Ein zu langes Festhalten an unrealistischen Zielen oder unlösbaren Aufgaben treibt Menschen mit diesem Stressverstärker letztendlich in die Erschöpfung.

Die Fähigkeit, das eigene Luststreben zu überwinden und sich bei Bedarf auch über einen längeren Zeitraum unangenehmen Aufgaben zu stellen, ist an sich eine wichtige Kompetenz. Problematisch wird sie jedoch, wenn es der Betreffende damit übertreibt und es sich verwehrt, sich auszuruhen, unangenehme Dinge auch einmal zurückzustellen und das Leben zu genießen.

Chancen und Risiken für Menschen mit diesem Stressverstärker	
Positiv	Starke innere Motivation, Durchhaltevermögen, Zielsicherheit
Negativ	Bei zu großer Ausprägung des Stressverstärkers: Verlust der Eigenwahrnehmung, Festhalten an unrealistischen Zielen

Stressverstärker: »Die höchste Priorität: beliebt sein«

Wer diesen Stressverstärker aufweist, hat ein starkes Bedürfnis nach Gemeinschaft, Zugehörigkeit und einem harmonischen Miteinander. Akzeptiert zu werden ist dann wichtiger, als die eigenen Interessen durchzusetzen. Nur kein Streit! Menschen mit diesem Stressverstärker sind ein liebenswürdiger Umgang und positive Rückmeldungen sehr wichtig. Sie sind sehr hilfsbereit, rücksichtsvoll und unterstützend.

Kommt Stress hinzu, verstärken sich diese Bedürfnisse zu hohen bis hin zu unrealistischen Erwartungshaltungen sich selbst und den Mitmenschen gegenüber. Die Angst, von anderen zurückgewiesen zu werden und allein zu sein, führt bei den Betreffenden dazu, dass es ihnen schwerer und schwerer fällt, auch die eigenen Interessen zu vertreten. Ablehnung und Kritik von anderen und Disharmonien werden als besonders stressend empfunden. Das ganze Verhalten wird darauf ausgerichtet, die eigenen Ängste zu minimieren. Man nimmt übermäßig Rücksicht auf andere, opfert sich in Hilfsbereitschaft auf, ist extrem harmoniebedürftig und vermeidet jegliche Form von Konflikten und Streitigkeiten.

Parallel erwarten die Betreffenden, dass alle anderen Menschen die gleichen Bedürfnisse haben und ihr Verhalten unaufgefordert dem eigenen anpassen. Da dies für gewöhnlich nicht der Fall ist, sind Enttäuschungen vorprogrammiert. Sie wiederum verschärfen die emotionale Belastung und stressen den Körper immens.

Chancen und Risiken für Menschen mit diesem Stressverstärker	
Positiv	Empathie, Harmonie, Hilfsbereitschaft
Negativ	Bei zu großer Ausprägung des Stressverstärkers: Vermeidung von Konflikten um jeden Preis, Aufopferung, andere werden »erstickt« von all der Zuneigung und Unterstützung

Stressverstärker: »Nur keine Fehler machen!«

Menschen, die nach Perfektion streben, tun alles dafür, sehr genau und fehlerfrei zu arbeiten und das Ziel auf die allerbeste Art und Weise zu erreichen. Dahinter stecken eine hohe Leistungsmotivation und das Bedürfnis, Anerkennung und Selbstbestätigung durch hervorragende Leistungen zu bekommen. Je ausgeprägter das Perfektionsstreben ist, umso größer wird jedoch auch die Angst vor Fehlern und Versagen. Misserfolge sind aus der Perspektive der Betreffenden eine Katastrophe; sie müssen mit allen Mitteln vermieden werden.

Im gestressten Zustand verstärkt sich das Streben nach Perfektion, um die eigenen Ängste zu beruhigen, sich selbst zu bestätigen und um jeden Preis Fehlleistungen oder Scheitern zu vermeiden. Das erstreckt sich nicht nur auf den Berufsalltag, sondern auch auf alle anderen Lebensbereiche.

Chancen und Risiken für Menschen mit diesem Stressverstärker	
Positiv	Gründlichkeit, Perfektion, Detailgenauigkeit
Negativ	Bei zu großer Ausprägung des Stressverstärkers: Detailversessenheit, nicht ans Ziel kommen, übertriebenes Konkurrenzverhalten

Stressverstärker: »Bleibe immer unabhängig«

Hintergrund dieses Stressverstärkers ist ein ausgeprägtes Bedürfnis nach Freiheit, Unabhängigkeit und Eigenständigkeit. Selbst zu bestimmen ist ein starker Wunsch für Menschen mit diesem Stressverstärker. Im gestressten Zustand verstärkt sich dieses Bedürfnis massiv. Abhängigkeiten zu anderen werden strikt abgelehnt. Die eigene Hilfsbedürftigkeit wird als Schwäche erlebt und als extrem belastend empfunden. Die Betreffenden erledigen am liebsten alles alleine, lassen sich nicht helfen und tragen Sorgen und Ängste mit sich selbst aus. Das gesamte Verhalten wird darauf ausgelegt, Stärke und Unabhängigkeit zu zeigen.

Dieser Stressverstärker treibt langfristig in Selbstüberforderung und Einsamkeit bis hin zur Erschöpfung physischer und psychischer Art.

Chancen und Risiken für Menschen mit diesem Stressverstärker	
Positiv	Selbstbestimmung, Unabhängigkeit
Negativ	Bei zu großer Ausprägung des Stressverstärkers: Einsamkeit, Selbstüberforderung, Härte

Auf einen Blick: Was ist Stress?

- Stress ist nicht immer etwas Negatives. Im Gegenteil: Er ist sogar (über-)lebensnotwendig für uns. Belastung und Anspannung wirken sich nur dann schlecht auf Körper und Geist aus, wenn sie zu stark werden und zu lange andauern.
- Stressoren sind all diejenigen Faktoren, die von außen und von innen belastend auf uns einwirken und in deren Folge es zur Auslösung einer Stressreaktion kommen kann.
- Jeder empfindet Stress anders. Was für den einen noch ganz normal ist, ist für den anderen bereits ungeheurer Stress. Der Grund dafür liegt in unseren Stressverstärkern. Sie kommen nicht etwa von außen, sondern werden durch unsere Überzeugungen gesteuert.

Stressreaktionen: Was Stress mit uns anstellt

Wie so oft, gilt auch in puncto Stressbewältigung: Wissen ist Macht. Wer versteht, was genau im eigenen Körper in einer Belastungssituation passiert, kann besser beurteilen, mit welchen Maßnahmen er gegensteuern kann.

In diesem Kapitel erfahren Sie u. a.,

- wie unser Gehirn Stressreize verarbeitet,
- warum wir uns in Stresssituationen nur schwer steuern können,
- warum Stressreaktionen abhängig von unserem Kopfkino sind,
- was mit unserem Körper bei Dauerstress passiert.

Stress entsteht im Gehirn

Die akute Stressreaktion, die alle wichtigen Organsysteme und -funktionen beeinflusst, wird im Gehirn ausgelöst. Die Abläufe dort sind hochkomplex. Wir haben sie hier zum besseren Verständnis deswegen wesentlich vereinfachter und ausschließlich auf das Stressgeschehen orientiert dargestellt.

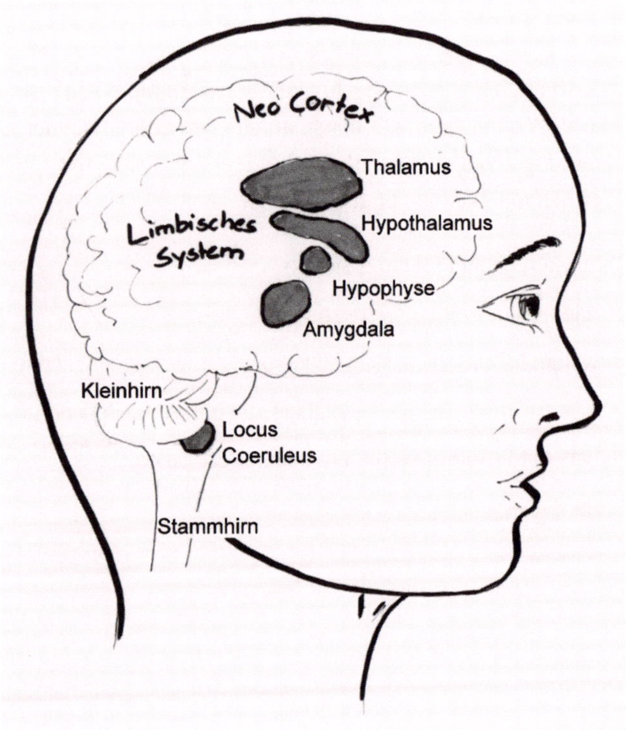

Akute Stressreaktion

Unser Gehirn kann man in drei elementare Bereiche einteilen:

- Der sog. Neokortex ist der jüngste Teil des menschlichen Gehirns, da er sich als letztes, grob statistisch gesehen, erst ab etwa dem dritten Lebensjahr entwickelt. Zuständig ist er für die bewusste Wahrnehmung und alle kognitiven Prozesse. Er ist das »Denkhirn«. Allerdings bekommt er alle Wahrnehmungen nicht direkt zugespielt, sondern muss warten, bis der Thalamus, den Sie gleich noch näher kennenlernen werden, ihm die sensorischen Informationen, also das, was wir sehen, hören, riechen, fühlen, schmecken usw., aus einem anderen Teil des Gehirns, dem limbischen System, weitergibt.
- Das limbische System ist älter und im tiefer gelegenen Bereich des Gehirns angesiedelt. Es ist die Schaltstelle für die Verarbeitung von Reizen. Alles, was auf uns zukommt (Bilder, Gerüche, Geräusche etc.), trifft über die Sinne immer zunächst im limbischen System, genauer im Thalamus, ein. Hier werden die Reize schemenhaft bewertet (nach Erfahrungen und Empfindungen) und entsprechend weitergegeben. Vereinfacht ausgedrückt ist der Thalamus sozusagen die Weiche aller Informationen.

  Ein wichtiger Teil des limbischen Systems ist die Amygdala, auch Mandelkern genannt. Sie sitzt tief im limbischen System und hat eine zentrale Bedeutung für die Entstehung von Emotionen und somit auch für die Regulation vegetativer Funktionen. Vervollständigt wird das limbische System mit dem Hypothalamus und der Hypophyse. Sie sind die Schnittstellen zwischen Gehirn und Hormonsystem. Ihre Aufgabe ist es, fast alle Hormone in unserem Körper zu regulieren und den Bedürfnissen des Organismus anzupassen.

- Der älteste Teil des Gehirns ist das Stammhirn. Hier laufen unter anderem alle lebenswichtigen Programme ab. Hier findet auch die Steuerung des vegetativen (autonomen) Nervensystems statt.

Das vegetative Nervensystem steuert automatisch ablaufende Anpassungs- und Regulationsprozesse. Hierzu gehören u. a. lebenswichtige Vitalfunktionen wie Herzschlag, Atmung, Verdauung und Stoffwechsel. Es wird nach Gesichtspunkten untergliedert in

- das Sympathische Nervensystem (Sympatikus) und
- das Parasympathische Nervensystem (Parasympatikus)

Diese beiden Systeme laufen in gegenseitiger Ergänzung. Der Sympathikus arbeitet leistungsfördernd, während der Parasympathikus erholungsfördernde Signale setzt.

- Enterisches Nervensystem (Magen-Darm-Trakt)

Das Nervensystem des Magen-Darm-Trakts ist vollkommen selbstständig und arbeitet autonom, wird jedoch durch die Signale des sympathischen und parasympathischen Nervensystems beeinflusst. Seine Aufgabe ist es, die Verdauung zu steuern. Ein Großteil des Immunsystems liegt in diesem Bereich und dort werden auch mehr als 20 Hormone, unter anderem das Serotonin, das Glückshormon, produziert.

Unsere drei evolutionsbiologisch bedingten klassischen Stressreaktionen sind im Sympathikus – der ersten Stressachse – fest verankert. Ihre Aufgabe ist es, das Überleben zu sichern.

Klassische Stressreaktionen	
Angriff	Schreien, Aggression, agieren in Form von »kämpfen«
Flucht	Situation verlassen, agieren in Form von »weglaufen«, Verhaltensweisen vermeiden
Erstarren	Nicht handeln, alles über sich ergehen lassen

Der Kurzschluss im Gehirn

Erkennt der Thalamus Gefahrensignale, löst er eine Kurzschlussreaktion aus. Er umgeht den Neocortex, der die Gefahreneinstufung auf Basis des gespeicherten Wissens vornehmen würde, und löst direkt eine Stressreaktion aus. Das blitzschnelle Reagieren kann in akuten Notfallsituationen lebensrettend sein.

Dieser Mechanismus erklärt, dass sich körperliche und emotionale Stressrektionen in manchen Situationen (z. B. in einem Streit) so schnell und quasi reflexhaft einstellen, dass überhaupt keine Zeit für bewusstes Nachdenken oder gezieltes Beeinflussen (z. B. ruhig bleiben, nicht zittern) bleibt.

BEISPIEL

Herbert ist Techniker für Maschinenbau und ein absoluter Fachmann auf seinem Gebiet. Er stellt heute in einem Meeting die technischen Details für ein großes Projekt dar. Er hat sich sorgfältig darauf vorbereitet. Im Meeting stellt sich schnell heraus, dass der Projektleiter eine ganz andere Vorstellung hat, die in Anbetracht der technischen Möglichkeiten nicht zu realisieren ist. Als Herbert ihn darauf hinweist, greift der Projektleiter ihn verbal deutlich an. Er kritisiert ihn, sich nicht auszukennen und sich nicht ausreichend vorbereitet zu haben.

Statt die Ruhe zu bewahren und sachlich klar die Fakten darzustellen, wird Herbert feuerrot. Er schreit den Projektleiter an. Herbert weiß bereits in diesem Augenblick, dass dies ein großer Fehler ist. Er schämt sich und ärgert sich über seine impulsive Reaktion. Noch Monate später plagt ihn sein unkontrollierbarer Ausbruch – selbst dann noch, als sich herausstellt, dass er und nicht der Projektleiter recht hatte.

Der ungerechtfertigte Angriff des Projektleiters wurde in Herberts limbischem System als größte Gefahr eingestuft. Das hat, unter Ausschluss des »vernünftigen« Neokortex, die Stressachse aktiviert. Das im Stammhirn gespeicherte »Programm: Angriff« wurde aufgerufen und durchgeführt, ohne dass Herbert zu diesem Zeitpunkt darüber nachdenken und bewusst das Verhalten unterbinden konnte.

Stresshormone: die Überbringer der Stressnachricht

Wie schnell die erste Stressachse im Sympathikus reagiert, haben Sie sicherlich auch schon erleben können. Sicherlich hatten Sie schon einmal eine kritische Situation im Straßenverkehr. Vermutlich haben Sie ohne länger darüber nachzudenken, instinktiv reagiert und dadurch Schaden von sich und anderen Verkehrsteilnehmern abgewendet. Die Zeitspanne zwischen dem Erkennen der Gefahr und unserer Reaktion darauf ist derart kurz, dass unser Denkvermögen dies nicht bewusst aufnehmen kann. Manche Forscher ermittelten eine Reaktionszeit von 1:10.000 Sekunden.

Das ausschließlich im Gehirn gesteuerte biologische Stressprogramm umfasst viele Prozesse, die insgesamt zu einer körperlichen Aktivierung und Energiemobilisierung führen. Der Organismus reagiert auf jedwede Art von Belastung, um sich dieser anpassen zu können. Für die rasend schnelle Informationsweitergabe im Körper sind unter anderem Hormone und Neurotransmitter notwendig, die an unterschiedlichen Stellen im Körper produziert und eingesetzt werden.

Hormone und Neurotransmitter in unserem Körper sind quasi die Signalgeber, die die Kommunikation zwischen den Zellen aufrechterhalten. Diese körpereigenen Boten bringen alle Anweisungen aus dem vegetativen Nervensystem an die richtigen Stellen im Körper, damit diese dann wiederum ihre Aufgaben erfüllen können. Hormone sind dabei die »Postboten«, die längere Distanzen im ganzen Körper zurücklegen. Neurotransmitter überbringen Nachrichten zwischen den Zellen über ganz kurze Wege, über die sog. Synapsen.

Die Botenstoffe des Sympathikus sind erregende Hormone zur möglichen Reaktion auf Belastung. Hierzu zählen

- Adrenalin, das unter anderem unseren Blutdruck ansteigen lässt und die Atemfrequenz steigert,
- Cortisol, das unseren Körper leistungsfähiger macht und unser körpereigenes Antibiotikum ist; es hilft uns dabei, Anspannungszeiten körperlich fit zu überstehen,
- Dopamin, das stimmungsaufhellend wirkt,

- Noradrenalin, das im akuten Stress die Aktivität des Immunsystems erhöht.

Für die Entspannung und zur notwendigen Regeneration und Erneuerung produziert der Körper im Parasympathikus dämpfende Signalgeber, so z. B.

- Serotonin, das unter anderem Angstgefühle, Traurigkeit und Aggressivität dämpft,
- GABA, das angstlösend und muskelentspannend wirkt.
- DHEA, das als klassisches Anti-Stress-Hormon verschiedene, durch Stresshormone erhöhte Stoffe wieder senkt.

Die Macht der Bilder

Alle Reize, die auf uns zukommen, treffen über die Sinne immer zunächst im Thalamus, im limbischen System des Gehirns ein. Hier werden sie schemenhaft bewertet.

Nach den Erkenntnissen der modernen Hirnforschung arbeitet die Amygdala im limbischen System mit inneren Bildern. Emotionen und Erfahrungen werden dort mit Bildern assoziiert und entsprechend verknüpft, abgespeichert und bei Bedarf hervorgeholt. Die Amygdala erzeugt und verstärkt die daraus resultierenden Emotionen, wie z. B. Unsicherheit, Verärgerung, Zugehörigkeit, und steuert damit unsere körperlichen Reaktionen und unser Verhalten.

Das geschieht sowohl bei negativen als auch bei positiven Bildern. Entscheidend dafür ist, mit welcher Konzentration und bewussten Wahrnehmung wir innerliche oder äußerliche Bilder aufnehmen. Es ist ein körperlicher Schutzmechanismus, dass das Gehirn die menschliche Konzentration automatisch eher auf Bedrohungen oder negative Reize fokussiert und die Amygdala entsprechend für negative Empfindungen stimuliert. Dadurch wird entsprechend der empfundenen Gefahrenintensität der Sympathikus aktiviert und Stresshormone werden ausgeschüttet.

Daher machen wir uns auch von jeder »Gefahr« ein inneres Bild. Es ist wie ein innerer Film, der in uns abläuft, oder ein Standbild, das wir sehen (»Ich, wie ich da vorne stehe und nicht mehr weiter weiß ...«, »Der Chef, wie er mich zur Rede stellt«). Das ist ein für uns unbewusster Vorgang. Er dient dazu, über die dadurch entstehenden Emotionen die notwendige Erregung zu schaffen, damit die Neuronen aktiviert und zur Informationsweitergabe angeregt werden.

Die folgenden Experimente führen Ihnen ganz deutlich vor Augen, dass Emotionen eng mit Bildern verknüpft sind.

Zwei Gedankenexperimente

1. Schließen Sie für einen Moment die Augen und denken Sie intensiv an eine Zitrone. Diese Zitrone ist in der Mitte aufgeschnitten; die Hälften liegen in Ihrer Hand. Gelb und saftig. Stellen Sie sich vor, wie Sie daran riechen. Und stellen Sie sich vor, jetzt herzhaft in die Zitrone zu beißen! Spüren Sie eine Veränderung in Ihrem Körper? Können Sie eine körperliche Reaktion wahrnehmen? Vielleicht eine Gänsehaut, ein Zusammenziehen der Gesichtsmuskulatur oder vermehrter Speichelfluss?
2. Denken Sie zurück an Ihre Schulzeit. Stellen Sie sich die Tafel in Ihrem Klassenzimmer vor. Ein Lehrer steht davor und kratzt schön langsam und ganz fest mit seinen Fingernägeln über die Tafel. Was fühlen Sie? Zucken Sie zusammen, weil Sie gerade das grässliche Geräusch hören, das entsteht? Haben Sie eine Gänsehaut?

Wie genau und in welchem Umfang die Amygdala die Reize in uns verstärkt, hängt von unseren Erfahrungen und Empfindungen ab und wird darüber hinaus ganz besonders von unserer aktuellen Stimmung beeinflusst.

BEISPIEL

Auf dem Weg zur Arbeit standen Sie im Stau und haben sich über andere Autofahrer geärgert. Schlecht gelaunt kommen Sie ins Büro. Und dort geht der Ärger auch gleich weiter: Die Kollegin macht eine merkwürdige Bemerkung über Ihre Präsentation und der Chef schaut so, als ob er auch nicht zufrieden damit war. Am liebsten würden Sie gleich wieder nach Hause fahren.

Was ist passiert? Die Region, die in Ihrem limbischen System für die Empfindung »Ärger« zuständig ist, ist durch den Stress im Stau angeregt und reagiert nun viel schneller auf alle äußerlichen und innerlichen Reize, die noch auf sie zukommen. Und so nehmen Sie den humorvoll gemeinten Kommentar der Kollegin und den müden Blick des Chefs als Angriffe gegen sich wahr.

Es ist unerheblich, wie und womit unsere Empfindungen angeregt wurden; sie wirken unweigerlich auf das nachfolgende Geschehen. Das funktioniert genauso in Situationen, die uns auf längere Zeit belasten. Da es sich um unbekannte und ungewohnte Situationen handelt, sorgt die Amygdala für diffuse Ängste, Verunsicherung und eine innere Anspannung. Wenn wir unser limbisches System nun ignorieren und uns gegen den eigenen inneren Widerstand mit Situationen wie diesen zu arrangieren versuchen, verstärkt die Amygdala die Ängste und unsere Verunsicherung. Langfristig anhaltend kann dies krankmachen.

Dagegen bringt es uns in eine positive Energie, wenn es uns gelingt, eine Situation auch emotional anzunehmen und uns mit den wahrnehmbaren, auch unangenehmen Empfindungen konstruktiv auseinanderzusetzen. Es gelingt uns dann eher, mit Neugierde in die veränderte Situation zu gehen und neue Erfahrungen zu machen.

Völlig problemlos gehen wir durch Veränderungsprozesse, wenn uns die neuen Situationen in unserer jeweiligen Lebensphase angenehm sind. Dann fällt es uns leicht, die neuen Aufgaben mit Begeisterung und Eigeninitiative anzugehen und uns mit neuen Rollen zu identifizieren.

Ein Beispiel aus dem Berufsleben

Für unsere Lebens- und Leistungsenergie spielt es eine große Rolle, wie wir mit der Belastung umgehen. Immer wieder werden wir im Berufs- und Privatleben vor Situationen stehen, die Änderungen mit sich bringen. Das zeigt auch das folgende Beispiel für eine weitere, typische Belastung in unserer heutigen Arbeitswelt: Angenommen, bei einem Arbeitgeber steht eine größere Umstrukturierung an, in deren Zuge Teams und Arbeitsaufgaben neu eingeteilt werden. Solche Veränderungen ziehen sich oft über einen langen Zeitraum hin und sind für den einen sehr, für den anderen eher weniger belastend. Stellen wir uns zwei Damen vor, die in diesem Unternehmen arbeiten: Marianne und Daniela. Beide sind gleichermaßen von der Umstrukturierung betroffen, gehen aber ganz unterschiedlich mit der Situation um.

Beispiel Marianne

Belastender Auslöser: Umorganisation im Unternehmen

Individuelle Bewertung durch Marianne und persönliche Stressverstärker:

- Nichts ist mehr wie gewohnt.
- Warum sollte es so, wie es bisher gemacht wurde, plötzlich nicht mehr richtig sein?
- Es kommen zusätzliche Arbeiten und Stunden auf sie zu. Sie hat ohnehin genug zu tun. Wie soll das zu schaffen sein?
- Sie fühlt sich durch das neue System eingeschränkt.
- Sie sieht keinen Sinn hinter dieser Veränderung.

Verhalten und Stressempfinden:

- Sie empfindet es als Zumutung, zusätzlich zu ihrer Arbeit Zeit zu investieren, um das notwendige Wissen aufzubauen (wird ja auch nicht zusätzlich bezahlt).
- Jede Überstunde, die durch Meetings und Testphasen anfällt, ärgert sie.
- Sie sieht viele Gründe, warum die Veränderung unsinnig ist.
- Jedes Hindernis bestätigt ihr, dass es reine Zeitverschwendung ist.
- Sie hat Angst, einen Teil ihrer Verantwortung oder gar ihre Tätigkeit zu verlieren.

Beispiel Marianne

- Sie fühlt sich unsicher denen gegenüber, die sich viel leichter in das Neue eindenken können, fühlt sich zurückgesetzt.
- Ihre Gedanken kreisen ständig über dem Ärger und der Ungewissheit.
- Sie hat keine Lust mehr, irgendetwas zu unternehmen; sie möchte abends einfach nur noch ihre Ruhe und igelt sich ein.
- Sie schläft schlecht und fühlt sich von Woche zu Woche müder und frustrierter.

Beispiel Daniela

Belastender Auslöser: Umorganisation im Unternehmen

Individuelle Bewertung durch Daniela:

- Chance zur Weiterentwicklung
- Die Möglichkeit, sich zu verwirklichen
- Die Herausforderung, effektivere Strukturen zu schaffen
- Sie sieht den Sinn in der Veränderung und steht voll und ganz dahinter

Verhalten und Stressempfinden:

- Sie ist neugierig und investiert viel Zeit, um neues Wissen aufzubauen.
- Sie nimmt notwendige Überstunden in Kauf, weil sie weiß, dass es langfristig wesentlich leichter werden wird.
- Sie geht mit Begeisterung an die Sache und ist hochmotiviert.
- Sie lässt sich durch Hindernisse und Rückschläge nicht verunsichern, sondern sucht Lösungen, um weiterzukommen.
- Ihre Gedanken kreisen um den Erfolg. Sie schläft gut, weil sie überzeugt ist, dass ihr das Ganze viele Vorteile bringt.
- Die Lust, etwas zu tun, färbt auch auf ihr Privatleben ab. Sie ist aktiv und energiegeladen.
- Sie fühlt sich kraftvoll, voller Vorfreude und zufrieden.

Wenn sich Realität und Phantasie vermischen

Innere Bilder bauen oft so viel Macht auf, dass wir nicht mehr zwischen ihnen und der Realität unterscheiden können.

BEISPIEL

Thomas ist Maschinenbauingenieur, 34 Jahre alt und sehr erfolgreich in seinem Beruf. Wenn es jedoch darum geht, die Ergebnisse seines Teams in Meetings zu präsentieren, überlässt er das Feld stets seinen Teamkollegen und sitzt stumm und in sich gekehrt daneben. Selbst wenn ein anderer etwas falsch wiedergibt, ist er nicht in der Lage, sich zu melden und die Aussagen richtigzustellen.

Vor seinem inneren Auge sieht er sich ganz deutlich, wie er, aus welchen Gründen auch immer, den Faden verliert, nicht mehr weiterweiß und mit hochrotem Kopf und schweißgebadet vor dem Beamer steht. Er ist davon überzeugt, so war es immer und so wird es immer wieder kommen. Näher danach befragt, kann er sich jedoch an keine reale Situation erinnern, in der es so war. Er vermutet im Studium. Aber er weiß genau, dass es so sein wird. In seinem Kopf kann er die Situation klar beschreiben.

Thomas muss dieses »innere Bild« in der Realität gar nicht erlebt haben. Es reicht, dass er es sich mit allen Sinnen bis ins Detail vorstellt, es sozusagen innerlich erlebt. Das limbische System und ganz besonders die Amygdala rufen als Reaktion darauf so starke Emotionen wie Scham und Angst hervor. Das wiederum setzt umgehend die Stressachse im Stammhirn in Gang, Stresshormone werden ausgeschüttet und die körperlichen Stressreaktionen (siehe oben) werden ausgelöst.

Solche Fantasie-Bilder können unser ganzes Leben dominieren und sehr einschränkend sein. Selbstverständlich beeinflussen Bilder auch im positiven Sinn. Walt Disney, der Urvater von Mickey Mouse, beschrieb den Schlüssel zu seinem Erfolg damit, dass er ihn zunächst nur »geträumt« hat. Er hat Bilder in seinem Kopf und in seiner Vorstellungskraft entstehen lassen und diese so intensiviert, dass er diese Visionen geradezu »erleben – spüren – riechen – hören – sehen« konnte. Dies beeinflusste sein Gehirn, mit entsprechenden Emotionen zu reagieren, was sich wiederum positiv auf seine Konzentrations- und Leistungsfähigkeit und sein Durchhaltevermögen auswirkte.

> Um das Gehirn auf positive Art und Weise zu beeinflussen, müssen innerliche Bilder ganz bewusst mit starken positiven Reizen aufgeladen und wahrgenommen werden. Es ist hilfreich, das Bild immer wieder zu aktivieren, bewusst hervorzuholen, weiter auszuschmücken und mit allen Sinnen wahrzunehmen und zu »erleben«.

Die Kraft von Bildern machen sich viele Branchen zunutze. Die Werbung ist eines der bekanntesten Beispiele. Aber auch im Hochleistungssport und in klassischen Entspannungsverfahren werden sie gezielt genutzt. Bei den Entspannungsverfahren kommen innere Bilder zum Einsatz, um die Amygdala zu Emotionen wie Ruhe, Gelassenheit, Zufriedenheit und Glück zu aktivieren.

Wie unser Körper auf Stress reagiert

Stellen Sie sich vor, Sie machen eine Wanderung in den Bergen und überqueren eine Weide, auf der Rinder grasen. Plötzlich wendet sich Ihnen die bisher so friedliche Herde zu und beginnt, immer schneller auf Sie zuzugaloppieren.

Noch bevor Sie darüber nachdenken können, reagiert Ihr Körper – in Mikrosekundenbruchteilen – bereits auf die Gefahrensituation. Ihr Herz und Ihr Puls jagen, der Blutdruck steigt. Sie atmen schneller. Bronchien, Hals und Nase weiten sich, damit die Körperzellen mehr Sauerstoff bekommen. Um Energie bereitzustellen, setzt die Leber vermehrt Glucose frei. Der Organismus stellt sämtliche Verdauungsvorgänge ein. Ihre Drüsen schütten rund 30 Hormone aus, unter anderem die leistungsfördernden Stresshormone. Kurz: Ihr Körper bereitet sich auf eine Aktion vor, die die Gefahrensituation – hoffentlich – beendet.

Zeitgleich verstärkt sich auch die psychische Reaktion. Sie äußert sich in deutlichen Gefühlen wie Wut, gesteigerter Reizbarkeit und, an unserem Beispiel orientiert, wahrscheinlich in Angst und Panik.

Dies alles steuert das vegetative Nervensystem – der Sympathikus. So kann der menschliche Organismus im Notfall blitzschnell mobilisiert werden.

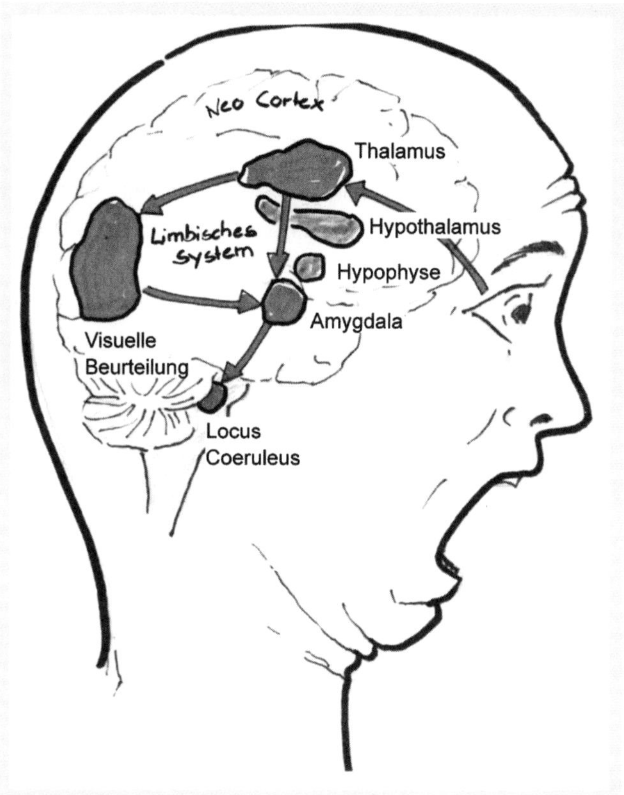

Die Stressreaktion im Gehirn

Die Alarm- und die Erholungsphase

Bei einem akuten Stressauslöser, wie z. B. unserer galoppierenden Kuhherde, geht unser Körper in die Alarmphase. Er versucht, den Stressreiz zu bewältigen. Sobald wir uns z. B. hinter einem Zaun in Sicherheit gebracht haben und damit der Stressreiz beendet ist, beruhigen sich Herzschlag, Atmung und Blutdruck wieder. Es beginnt die Erholungsphase.

Damit solch eine Stressreaktion nicht außer Kontrolle gerät und wir nach Bewältigung des Stressreizes in die Erholungsphase übergehen können, verfügt unser Körper über ein intelligentes Rückkopplungssystem. Im Kuhweidenfall wurde neben Adrenalin und Noradrenalin auch Cortisol ausgeschüttet. Rezeptoren im Gehirn messen die Cortisol-Konzentration im Blut und sorgen dafür, die Produktion zu bremsen, wenn eine bestimmte Grenze erreicht ist. Damit wird der Körper vor den negativen Folgen von starkem Stress geschützt. Sobald der Cortisol-Gehalt im Blut unter den Mindestbedarf sinkt, wird die Produktion wieder angeschoben. Cortisol hat neben seiner Bedeutung für das Stressgeschehen nämlich auch noch andere lebensnotwendige Aufgaben. Wird jedoch aufgrund exzessiver Überforderung über einen längeren Zeitraum hinweg Cortisol ausgeschüttet, stumpfen die Rezeptoren für das Rückkopplungssystem im Gehirn ab. Dadurch wird die Produktion nicht mehr gebremst und es entsteht ein zu hoher Cortisol-Spiegel. Dies hat leider viele negative Folgen für unseren Körper:

- Unsere Schmerzsensibilität nimmt zu. Wir werden anfälliger für Muskel-, Rücken- oder Kopfschmerzen.
- Der hohe Cortisol-Spiegel versorgt unseren Körper direkt zur Schlafenszeit noch einmal mit Energie, so dass man, obwohl man den ganzen Tag müde war, nicht richtig einschlafen kann und unruhig schläft.

- Der Blutzuckerspiegel ist erhöht, was zu einer vermehrten Ausschüttung von Insulin führt. Um dies auszugleichen, haben wir mit Heißhungerattacken oder Essensgelüsten zu kämpfen.
- Wir nehmen trotz gesunder Ernährung und Sport beständig zu – vor allem am Bauch.
- Das Immunsystem ist geschwächt, was uns langfristig anfällig für Bakterien und Viren macht.

BEISPIEL

Sandra freut sich schon seit Langem auf ihren zweiwöchigen Mallorca-Urlaub. Noch bis zur Abreise steht sie im Job unter starkem Termindruck und kommt erst auf der Urlaubsinsel zur Ruhe. Am zweiten Tag spürt sie ein Kratzen im Hals, am dritten liegt sie flach. »Das ist nun bereits der dritte Urlaub in Folge, den ich mit einer Krankheitswoche beginne.«, denkt sie unglücklich.

- Cortisol ist eng mit dem Immunsystem verknüpft. Es ist unser körpereigenes Antibiotikum, das uns hilft, Anspannungszeiten körperlich fit zu überstehen. Sobald unser Organismus dann endlich loslassen darf und der Cortisol-Spiegel sinkt, treffen Erreger auf unseren geschwächten Körper, der über längere Zeit sein Immunsystem nicht mehr trainieren konnte. Man wird krank.
- Der Magen-Darm-Trakt ist übersensibel und reagiert empfindlich. Dies kann zu Sodbrennen, Magenkrämpfen, Blähungen, Durchfall oder Verstopfung führen.

- Die Ausschüttung von Sexualhormonen wird verringert. Die Lust auf Sex lässt nach oder verschwindet ganz.
- Wir fühlen uns niedergeschlagen, melancholisch und traurig. Auch irrationale Ängste und Depressionen können entstehen.

Wenn der Stress zum Dauerzustand wird

Hält eine stressende Situation über Wochen und Monate an und gibt es keine »Entwarnung« oder keine Möglichkeit für den Körper, die Stresshormone abzubauen, bleibt die Erholungsphase aus. Es beginnt eine Resistenzphase.

Die Resistenzphase

Der Dauergestresste lebt hier ausschließlich in der Ausnahmesituation äußerster Anstrengung und Alarmbereitschaft. Dies führt dazu, dass sich der Organismus nun ständig auf »Gefahren« vorbereitet und unter erheblichem Energieaufwand versucht, ein neues Gleichgewicht auf erhöhtem Niveau aufrechtzuerhalten. Um die Energie dafür aufzubringen, werden andere Systeme für Widerstandsfähigkeit, so z.B. das Immunsystem, geschwächt.

In der Resistenzphase kann das vegetative Nervensystem ins Ungleichgewicht kommen. Es kommt unter anderem zur Dauerausschüttung von Adrenalin. Es werden viel Sauerstoff, Mineralien und Vitamine verbraucht. Über kurz oder lang entsteht ein Mangel an Nährstoffen. Der gestresste Mensch ist sich dieser Situation oft gar nicht bewusst.

Die Erschöpfungsphase

Dauert die Resistenzphase zu lange an und gibt es auch weiterhin keine Entwarnung für das Stresssystem, tritt die Erschöpfungsphase ein. Symptome, die für die Alarmphase kennzeichnend sind, treten nun dauerhaft auf. In diesem Stadium kann es dann zu vielfältigen funktionellen Symptomen bis hin zu ernsthaften Organerkrankungen kommen.

Mögliche Symptome bei Stress

In der Alarmphase	In der Resistenzphase	In der Erschöpfungsphase
▪ Erhöhung des Herzschlags und des Blutdrucks ▪ Muskelspannung ▪ Schnelle Atmung ▪ Gehemmte Verdauung ▪ Schwitzen ▪ Herzrasen ▪ Erhöhte Wachsamkeit ▪ Nervosität ▪ Innere Unruhe ▪ Wenn die Stresssituation länger anhält: ▪ Rückenschmerzen ▪ Kopfschmerzen	▪ Blähungen ▪ Sodbrennen ▪ Völlegefühl ▪ Durchfall / Verstopfung ▪ Immer öfter auftretender Bluthochdruck ▪ Verstärkte Muskelverspannungen ▪ Schlafstörungen ▪ Atmung ist generell kurz und schnell ▪ Anfällig gegenüber Infekten ▪ Verstärkung von Allergien ▪ Störungen des Stoffwechsels (Gewichtszu- bzw. -abnahme) ▪ Gedankenkarussell und Grübeln ▪ Hektisches Multitasking ▪ Verstärkte Ungeduld, Reizbarkeit und/oder Aggressivität	▪ Magen-Darm-Erkrankungen ▪ Schlaflosigkeit ▪ Suchtverhalten ▪ Irrationale Ängste ▪ Kein gedankliches Abschalten möglich ▪ Massive Selbstzweifel ▪ Allergien und Lebensmittelunverträglichkeiten ▪ Fettstoffwechselstörungen ▪ Erhöhtes oder ausbleibendes Schmerzempfinden ▪ Leistungseinbruch

Mögliche Symptome bei Stress		
▪ verstärkte Unruhe ▪ Abschalten/ Entspannen fällt schwer	▪ Konzentrationsschwierigkeiten ▪ Entspannen wird als unangenehm empfunden	▪ Gedächtnisschwierigkeiten ▪ Massive Erschöpfung ▪ Lebensunlust ▪ Empfundene Sinnlosigkeit

Nicht jeder Mensch ist gleich. Jeder reagiert anders auf Belastungssituationen. Welche Folgen Stress für jeden von uns hat, hängt von vielen Faktoren ab, unter anderem auch von der Intensität der Anforderungen und ob wir auf kognitiver, seelischer, geistiger und/oder körperlicher Ebene diesen Anforderungen gewachsen sind. Während der eine Probleme damit hat, sich zu organisieren und dies als hohe dauerhafte Belastung wahrnimmt, fällt es dem anderen leicht und er läuft erst in dieser Drucksituation zu Hochform auf.

Reflexionsübung: Stehen Sie unter Dauerstress?

Sie wissen jetzt: Bei ständiger Überforderung und langfristig negativ empfundenem Stress können sich auf physiologischer oder psychologischer Ebene Stresssymptome entwickeln. Sie äußern sich im Körper, im Denkvermögen und in unserem Empfinden. Alle Symptome haben die Aufgabe, uns zu warnen, dass die natürliche Balance zwischen Anspannung und Entspannung ins Wanken gekommen ist. Stresshormone, allen voran das Cortisol, führen jedoch dazu, dass wir die Signale unseres Körpers nur noch sehr reduziert wahrnehmen. Denn wir sind darauf gepolt, in Gefahrensituationen trotz möglicher körperlicher Verletzungen weiter ums eigene Leben zu »kämpfen« oder trotz Erschöpfung »flüchten« zu können.

Deshalb ist es gerade in stark belastenden Zeiten wichtig, sich etwas Ruhe und gezielte Selbstreflexion zu gönnen, um dann bewusste Entscheidungen für sich treffen zu können. Die folgende Übung erleichtert Ihnen diese Selbstreflexion: Seien Sie ehrlich zu sich selbst und spüren Sie in sich hinein. Welche Symptome von Dauerstress haben Sie in den letzten Wochen festgestellt? Kreuzen Sie in den folgenden Tabellen diejenigen an, die auf Sie zutreffen.

Körperliche Symptome

Körperliche Symptome	
Magenschmerzen	
Kopfschmerzen	
Verdauungsstörungen	
Kurzatmigkeit	
Atemverflachung	
Engegefühl in der Brust	
Herz-Kreislauf-Beschwerden	
Hoher (labiler) Blutdruck	
Chronische Müdigkeit	
Übermäßiges Schwitzen	
Frösteln, Kältegefühl in den Gliedmaßen	
Lichtempfindlichkeit	

Körperliche Symptome	
Trockener Mund	
Trockener Hals mit Kloß-im-Hals-Gefühl	
Allgemeine Verspannungsgefühle	
Anspannung und Verkrampfung der Gliedmaßen	
Nacken- und Schulterschmerzen	
Körperliches Aufschrecken	
Zucken der Augenlider	
Muskelzittern	
Fahrige Körperbewegungen	
Starre Mimik	
Fingertrommeln	
Fußwippen	
Verzerrtes Gesicht	
Nervöse Gestik	
Krampfneigung	
Wenn der Dauerstress schon länger anhält:	
Bluthochdruck	
Schlafstörung	
Zyklusstörung	
Libidostörung	
Magen-Darm-Erkrankung	

Symptome auf kognitiver Ebene (Denkprozess)

Symptome auf kognitiver Ebene	
Leistungsstörungen	
Scheuklappeneffekt – Rigidität	
Konzentrationsstörungen, Störgedanken, Ablenkbarkeit	
Gedächtnisstörungen – »Brett vorm Kopf«, Gedächtnislücken	
Häufiges Nachfragen trotz akustischer Verständlichkeit	
Vergessen, Verlegen, Verwählen, Verhören	
Schlecht(er) zuhören können	
Gefühl »Es wächst mir alles über den Kopf«	
Häufige innere Unruhe	
Gedankenkarussell vor dem Einschlafen	
Negative Selbstaussagen	
Ideenarmut	
Fluchtgedanken	
Gereiztheit	
Ungeduld	
Realitätsflucht – zu viele Tagträume	
Wenn der Dauerstress schon länger anhält:	
Massive Selbstzweifel	
Mangelnde Kreativität	
Ständiges Grübeln	

Symptome auf emotionaler Ebene

Symptome auf emotionaler Ebene	
Aggressionsbereitschaft	
Angstgefühle	
Versagensgefühle	
Unsicherheit	
Unausgeglichenheit	
Gefühlsschwankungen	
Nervosität	
Gereiztheit	
Genervt sein	
Gehetzt sein	
Wut	
Eifersucht	
Wenn der Dauerstress schon länger anhält:	
Depression	
Teilnahmslosigkeit (Apathie)	
Allgemeine Lebensunlust	
Essstörungen	
Suchtmittelgebrauch (Zigaretten, Alkohol, Medikamente etc.)	

Eine Frage der Bewertung: die Intensität der Stressreaktion

> »Du siehst die Welt nicht so, wie sie ist, du siehst die Welt, so wie du bist!« Sri Mooji

Das Stressmodell von Lazarus, das Sie im Kapitel »Warum jeder Stress anders empfindet« bereits kurz kennengelernt haben, beschreibt den komplexen Wechselwirkungsprozess zwischen objektiven Umweltreizen und der handelnden Person. Hier beleuchten wir es näher, denn es erklärt sehr anschaulich, warum jeder von uns in unterschiedlicher Intensität auf Stressoren reagiert. Grundlegend für das Ausmaß der Stressreaktion, so Lazarus, ist dabei die Beantwortung der Fragen, ob der Mensch glaubt, eine Situation bewältigen zu können, oder ob er annimmt, dass die Situation die eigenen Kräfte und Fähigkeiten übersteigt. Ein Reiz selbst ist also nicht deshalb stressend, weil er eine bestimmte Intensität übersteigt, sondern er wird erst durch die subjektiven Wahrnehmungen und Bewertungen dessen, der ihn erlebt, zu einem Stressreiz.

BEISPIEL

Silvia hat ein schönes Wochenende verbracht. Gut gelaunt und ausgeruht kommt sie am Montag ins Büro. Als sie sich gerade an den Schreibtisch setzt, beginnt er: lauter Baulärm aus dem Nachbarbüro, der auch die folgenden Tage andauern wird.

Reiz (Stressor): Baulärm

Silvia empfindet den Lärm zwar als etwas störend oder nervend, lässt sich davon jedoch nicht weiter ablenken. Ihre Entspannung und die Ruhe vom

Wochenende wirken noch deutlich nach, so dass sie den Stressor eher als Herausforderung, sich dennoch zu konzentrieren, wahrnimmt, als sich zu ärgern.

Ihre Kollegin Maria sitzt ihr gegenüber. Sie hat ein weniger schönes Wochenende hinter sich: sie hat sich mit ihrem Partner gestritten und kaum ein Auge zugemacht. Sie fühlt sich frustriert, verärgert und übermüdet. Sie empfindet den Baulärm als massiv laut. Es dröhnt in ihrem Kopf und sie wünscht sich einfach nur, dass er bald vorbei ist. Sie wird immer wieder von ihrer Arbeit abgelenkt, kann sich nicht richtig konzentrieren und schafft ihr Pensum nicht, das sie sich vorgenommen hat. Umso länger der Lärm anhält, umso ärgerlicher wird sie. Nicht nur auf den Lärm an sich, sondern auch auf die Leute, die ihn verursachen, die so rücksichtslos sind, und zuletzt sogar auf Silvia, weil diese sich nicht aus der Ruhe bringen lässt. Am Ende fährt sie Silvia wegen einer unbedeutenden Sache an und beendet den Arbeitstag im Streit mit ihrer Kollegin.

Der Reiz war für beide Frauen der gleiche. Er wurde jedoch von den Zweien völlig unterschiedlich wahrgenommen und bewertet. Emotionen, die wir empfinden, tragen in unserem Gehirn erheblich zu unserer körperlichen Reaktion und unserem Verhalten bei (siehe dazu das Kapitel »Unser Gehirn«). In unserem Beispiel waren bei Maria starke Emotionen wie Ärger, Traurigkeit oder Enttäuschung aktiv. Körperlich äußerte sich dies, bedingt durch die Ausschüttung der Stresshormone, u.a. in Schlafproblemen. Ihr Verhalten mündete am Schluss in einem (unberechtigten) Streit mit ihrer Kollegin.

Stressreaktionen wie diese folgen, so Lazarus, einem klaren Reaktionsschema.

1. Stufe: Der Wahrnehmungsfilter

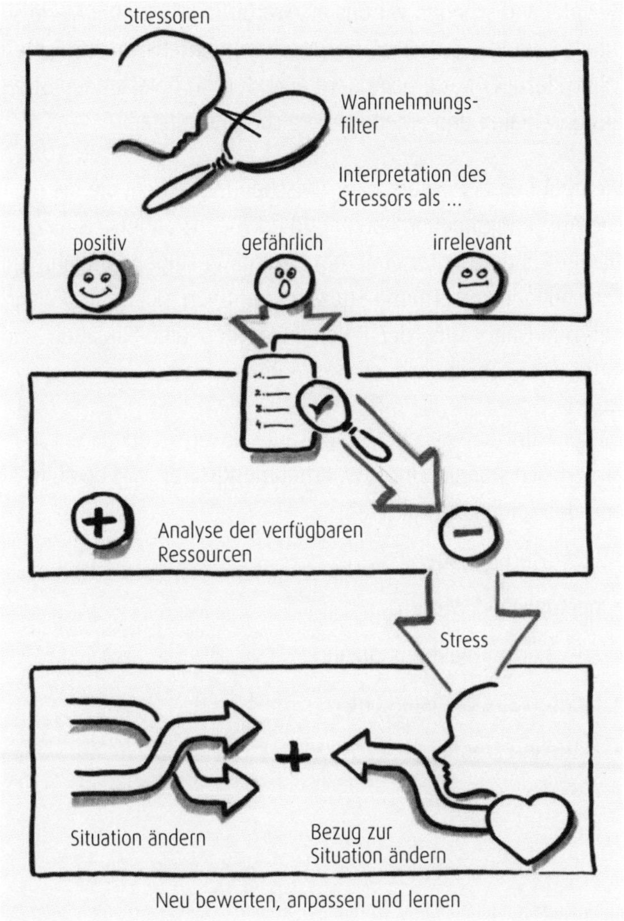

Reaktionsschema bei Stress

Das Reaktionsschema erklärt, warum sich Stressoren bei jedem Menschen unterschiedlich auswirken. Kommen wir zurück zum Beispiel und schauen wir uns an, warum der Lärm bei Maria so intensiv wirkte. Damit es klarer wird, nehmen wir noch ihren Mann dazu: Er hatte nach dem auch für ihn belastenden Streit gut geschlafen und einen erfolgreichen Arbeitstag.

Wo liegt nun der Unterschied zwischen Menschen, die die gleiche Ausgangssituation haben und doch ganz anders reagieren? Das ergründete unter anderem Lazarus in seinen langjährigen Forschungen zum Thema Stress. Er geht von einem sog. Wahrnehmungsfilter aus, der jeden Menschen eine Situation und einen Reiz ganz individuell wahrnehmen lässt.

Dieser Filter entwickelt sich im Laufe unseres Lebens und verändert sich ständig. Unser Wahrnehmungsfilter wird beeinflusst von den folgenden Faktoren:

- Lebenserfahrungen,
- persönlichen Werten,
- adaptierten Glaubenssätzen,
- inneren Stressverstärkern,
- aktuellen Emotionen,
- tiefen Bedürfnissen.

Faktoren, die unseren Wahrnehmungsfilter prägen	
Faktoren	Beispiele
(Lebens-)Erfahrungen	Berufserfahrung, Menschenkenntnis, angewandtes Fachwissen, Erfahrungen, die man im Laufe seines Lebens gesammelt hat, wenn man schwierige Zeiten überstanden, Konflikte gelöst und stressige Zeiten überwunden hat. Aber auch Misserfolge tragen ebenso wie Erfahrungen mit dem Umfeld und den Mitmenschen dazu bei.
Persönliche Werte	Pflichtbewusstsein, Verantwortungsgefühl, Harmoniebedürfnis, Offenheit, Respekt, Wertschätzung, Anstand, Fairness, Freundlichkeit, Toleranz, Überlegenheit, Ehrlichkeit, Treue, Geborgenheit, Gemeinschaftssinn, Unabhängigkeit
Adaptierte Glaubenssätze	▪ Es interessiert sich keiner für mich. ▪ Das Pech verfolgt mich. ▪ Ohne Fleiß kein Preis. ▪ Im Leben bekommt man nichts geschenkt. ▪ Ich muss mich zusammenreißen und darf meine Gefühle nicht zeigen. ▪ Im Leben braucht man Ellbogen/ein dickes Fell. ▪ Alleine schaffe ich das nicht.
Innere Stressverstärker	▪ Perfektionismus ▪ Kontrollstreben ▪ Ungeduld ▪ Stressgedanken ▪ Stresserzeugende Selbstkommunikation ▪ Enttäuschte Erwartungen ▪ Profilierungs- und Anerkennungsstreben ▪ Unangenehme Empfindungen ▪ Gefühl von Sinnlosigkeit ▪ Schlechtes Gewissen und Gefühle wie Scham und Versagen bei Fehlern

Faktoren, die unseren Wahrnehmungsfilter prägen	
	▪ Einzelkämpfertum ▪ Selbstüberforderung, eigene Leistungsgrenzen ignorieren
Vorhandene Emotionen	Das limbische System reagiert und zeigt sich mit Emotionen. Sind wir glücklich verliebt oder zufrieden, fällt die Bewertung des Stressors ganz anders aus, als wenn wir uns erschöpft, hilflos, nutzlos oder überfordert fühlen.
Tiefe Bedürfnisse	Werte und Glaubenssätze basieren auf unseren Bedürfnissen. Doch manchmal gibt es darüber hinaus noch tiefer liegende Bedürfnisse, die wir, gerade aufgrund unserer Werte, nicht gelten lassen. Beispiel: Demjenigen, der Bescheidenheit ein hoher Wert ist, dem sind unbescheidene Menschen zutiefst zuwider. Dennoch hat vielleicht auch er ein tiefes Bedürfnis, »gesehen« oder anerkannt zu werden. Auch wenn er alles dafür tut, seinen eigenen Maßstäben an Bescheidenheit zu genügen, bestimmt sein tiefer liegendes Bedürfnis nach Anerkennung doch seine Wahrnehmung von Stressoren und verändert die Bewertung.

2. Stufe: Primäre Bewertung

Nachdem im Bruchteil einer Sekunde der Stressor unseren individuellen Wahrnehmungsfilter passiert hat, beginnt das Gehirn mit der primären Bewertung. Ganz banal sortiert es den Stressor in eine der drei folgenden Kategorien ein:

- **Irrelevant:** Normal, nicht wesentlich, üblich, gewohnt, ohne Mühe zu bewältigen.
- **Herausfordernd:** Das wird schwierig, aber es ist machbar. Es bleibt das Gefühl, diesen Auslöser bewältigen zu können.
- **Gefährlich:** Es besteht Gefahr für die eigene Person. Dieser Auslöser ist nicht bewältigbar und bereitet Angst, Unsicherheit und andere negative Emotionen. Das kann ein neues Projekt, zu viel Arbeit aber auch einfach der Baulärm sein, den man nicht mehr ertragen kann.

3. Stufe: Sekundäre Bewertung

Nun erfolgt über unser rationales Gehirn die sekundäre Bewertung des Stressors. Hier wird abgeglichen, ob unsere Ressourcen zur Bewältigung der Situation ausreichen.

- Wenn mir bewusst ist, was ich bisher schon erreicht habe, wenn ich meine Stärken und mein Wissen kenne (und schätze) und auf ein Netzwerk an Möglichkeiten (z. B. Unterstützung durch andere) zurückgreifen kann, wird die Stressreaktion in den positiven Stress übergehen. Ich kann die ausgeschütteten Hormone mit all ihren positiven Seiten nutzen und energiegeladen an die Bewältigung gehen.
- Wenn wir jedoch feststellen, dass die vorhandenen Ressourcen nicht ausreichen, erhöht sich die Stressreaktion erheblich und mündet im Distress. Langfristig führt das zu negativen Folgen für Körper und Geist.

4. Stufe: Das resultierende Verhalten ändert sich

BEISPIEL

Eine Seminarteilnehmerin beschrieb folgende Situation:

»Mein Mann Klaus hat nun seit 16 Monaten seinen Führungsposten. Es läuft soweit alles erfolgreich und sein Arbeitgeber ist zufrieden mit ihm. Mir fällt nur immer mehr auf, wie Klaus sich verändert. Sein Verhalten ist anders geworden: Seine ganze Gelassenheit ist verschwunden. Er ist schneller reizbar und wird schon mal ungerecht. Wenn wir etwas zu klären haben, weicht er mir aus oder stimmt mir einfach kommentarlos zu. Er beginnt viele Dinge gleichzeitig und ist unzufrieden, wenn er keines davon richtig zu Ende bringen kann. Letztens wollte er an einem Wochenende den Keller und Dachboden ausmisten, Rasen mähen, mit den Kindern ins Schwimmbad gehen und sich am Abend dann noch mit seinem Freund treffen. Dachboden und Keller waren ein Chaos, weil das Aufräumen durch den Schwimmbadbesuch unterbrochen wurde. Den Rasen hat er ganz schnell gemäht und schimpfte dann die ganze Zeit vor sich hin, dass er nicht bis zu den Rasenkanten gekommen ist. Seinem Freund sagte er ab, weil er einfach keine Lust mehr hatte, aus dem Haus zu gehen. Schade, denn so ein Abend hätte ihm gutgetan. Er gönnt sich einfach keine Ruhe mehr. Vieles, was er sonst so gerne gemacht hat, zum Beispiel das Handballspielen im Verein, ist weggefallen. Er hat nie richtig Zeit und streitet sich mit mir und den Kindern um Kleinigkeiten. Wenn ich ihn darauf anspreche, dann schüttelt er nur den Kopf. Nach seiner Ansicht ist alles in bester Ordnung.«

Während Klaus selbst sein Verhalten noch als völlig »normal« bezeichnen würde, können Außenstehende bereits beobachten, dass sich etwas verändert hat. Klaus ist gestresst und dies schon seit geraumer Zeit. Die Anzeichen dafür werden in seinem Verhalten sichtbar. Statt diese Signale wahrzunehmen und innerlich zur Ruhe zu kommen, versucht er mit forcierter Aktivität allen Aufgaben gerecht zu werden bzw. er vermeidet

Situationen, die ihn belasten, wie z. B. eine Diskussion mit seiner Frau.

Die Reaktionen auf eine dauerhafte Belastung, wenn die Zeit für Erholung fehlt, sind auf mehreren Ebenen beobachtbar. Während ein Teil davon deutlich sichtbar ist, sind die anderen nur bei näherer Beobachtung wahrnehmbar.

Signale auf Verhaltensebene

Deutlich sichtbar für Außenstehende sind Signale auf Verhaltensebene: Der Betreffende

- vermeidet Situationen oder Verhaltensweisen, die ihn belasten; Beispiele: Konfliktgesprächen aus dem Weg gehen, Aufgaben aufschieben oder körperliche Anstrengung wie Sport vermeiden;
- ist immer in Eile und hat keine Zeit mehr;
- ist immer öfter gereizt und genervt,
- stichelt oder schimpft vermehrt gegen andere,
- verfällt mehr und mehr in ein Schwarz-Weiß-Denken,
- gönnt sich keine Pausen oder Ruhe mehr,
- greift vermehrt auf Betäubungsmittel, wie z. B. Medikamente, Zigaretten, Alkohol, zu,
- zeigt exzessives Verhalten, so z. B. ein übertriebenes Engagement für Aktivitäten wie Sport, Diäten und Arbeit.
- isst unregelmäßig, nebenbei oder hastig,

- ist in seinem Multitasking erhöht oder
- ergreift keine Initiative mehr, um etwas zu beginnen, zu beenden oder zu klären.

Signale auf kognitiv-emotionaler Ebene

Auf der kognitiven-emotionalen Ebene (Denk- und Wahrnehmungsprozesse) sind die Signale nicht so klar. Möglich wäre, dass der Betreffende

- sich zurückzieht und Gespräche und gemeinsame Zeit vermeidet,
- unzufrieden ist und traurig,
- macht- oder hilflos wirkt,
- keine Veränderungsbereitschaft mehr zeigt,
- rasch aggressiv wird, schneller »explodiert« oder Bewegung genervt oder verärgert ausführt (z.B. die Türen knallt oder Unterlagen auf den Tisch wirft),
- schnell den Tränen nahe ist,
- beabsichtigt oder unbewusst ausspricht, dass er viel grübelt, an sich zweifelt oder Angst hat zu versagen,
- sich Termine, Daten oder Gespräche schlechter merken kann.

Signale auf physiologischer Ebene

Auf physiologischer Ebene kann es zu folgenden Signalen kommen:

- häufigere Rücken- oder Kopfschmerzen,
- zunehmende Verspannungen, z.B. Nacken- und Schultermuskulatur,
- Magen-Darm-Probleme wie Sodbrennen oder Blähungen,
- sich unausgeschlafen, erschöpft oder krank vorkommen,
- Konzentrations- und Gedächtnisprobleme,
- vermehrtes Schwitzen,
- »leidende« Körperhaltung (z.B. hängende Schultern).

Wie wir bereits erfahren haben, versucht der Körper in der Resistenzphase ein neues Gleichgewicht auf erhöhtem Niveau aufrechtzuerhalten (siehe hierzu das Kapitel »Wenn der Stress zum Dauerzustand wird«). Steigert sich die Belastung noch mehr, werden instinktiv Verhaltensmuster gewählt, um in der belastenden Situation so schnell wie möglich Entlastung zu finden. Dies führt zum sog. inadaptiven Stressverhalten, das zwar im ersten Moment Erleichterung verschafft, langfristig jedoch zu wesentlich erhöhten Stressreaktionen führt. Es kommt zu den folgenden klassischen Reaktionsmustern.

Reaktionsmuster Nr. 1: Vermeidung oder Flucht

Reaktionsmuster: Vermeidung oder Flucht	
Wiederkehrende Gedanken:	Man denkt, unfähig zu sein, die Situation zu bewältigen.
Emotionale Empfindungen, die dadurch ausgelöst werden:	Angst, Unsicherheit, Schreck, Hilflosigkeit, Zweifel an der Situation und an sich selbst
Verhaltensreaktionen, um sich zumindest kurzzeitig zu entlasten:	▪ Weglaufen vor den Arbeiten, der Situation oder vor Personen ▪ Vermeiden von Situationen und Verhaltensweisen

BEISPIEL

Stefanie arbeitet seit Monaten am Limit und zusätzlich hat sie permanent Ärger mit einem Mitarbeiter, der ihm zugewiesene Aufgaben mehr schlecht als recht erledigt. Die Gedanken von Stefanie kreisen ständig um den Konflikt mit dem neuen Kollegen. Sie müsste dringend Kritik anbringen, fühlt sich aber nicht fähig, dieses Gespräch konstruktiv zu führen. Sie schiebt es ständig vor sich hin.

Die Konsequenzen aus Stefanies Vermeidungsverhalten: Zunächst geht es ihr besser damit. Sie ist froh, wenn sie sich der schwierigen Situation nicht stellen muss. Langfristig jedoch arbeitet der Mitarbeiter immer schlechter, es gibt Ärger mit Kunden und Teamkollegen – was ihre Situation erheblich verschlechtert.

Reaktionsmuster Nr. 2: Aggression oder Abwertung

Reaktionsmuster: Aggression oder Abwertung	
Wiederkehrende Gedanken:	Schuld oder Verantwortung für die negative Situation haben andere
Emotionale Empfindungen, die dadurch ausgelöst werden:	Ärger, Wut, Gereiztheit, Feindseligkeit, Frustration, Machtlosigkeit
Verhaltensreaktionen, um sich zumindest kurzzeitig zu entlasten:	▪ Übergriffig und aggressiv dem/den anderen gegenüber werden ▪ Vorwürfe machen ▪ Abwertend werden, sowohl gegenüber der Situation als auch gegenüber den Personen

BEISPIEL

Jakob hat mehrere Projekte gleichzeitig – und alle müssen zum selben Endtermin fertig werden. Und der rückt immer näher. Doch damit nicht genug: Seine blöden Kollegen liefern die Unterlagen nicht rechtzeitig, der nervige Chef drängelt, obwohl er ja gar keine Ahnung hat, was da alles zu tun ist, die Verkäuferin ist so dämlich langsam, seine Frau zickt wieder mal und die Kinder quengeln nur. Kein Wunder, dass er gestresst ist!

Jakob befindet sich bereits mitten im Reaktionsmuster der Aggression. Seine Beschreibung ist gespickt mit abwertenden Bemerkungen zu den Menschen, mit denen er zu tun hat. Er reagiert aggressiv auf Anfragen, beschwert sich und wird laut gegenüber seiner Frau und seinen Kindern.

Reaktionsmuster Nr. 3: Starre oder »Nichts mehr tun«

Reaktionsmuster: Starre oder »Nichts mehr tun«	
Wiederkehrende Gedanken:	Wie soll das in Zukunft weitergehen? Es wird sich an der negativen Situation auch zukünftig nichts ändern. Ich bin dem hilflos ausgeliefert.
Emotionale Empfindungen, die dadurch ausgelöst werden:	Mutlosigkeit, Niedergeschlagenheit, Hilflosigkeit, Traurigkeit
Reaktionen, um sich zumindest kurzzeitig zu entlasten:	▪ Nicht handeln, die Situation einfach über sich ergehen lassen ▪ Keine eigene Initiative mehr ergreifen

BEISPIEL

Claudia fühlt sich mutlos. Wieder eine Beziehung in die Brüche gegangen! Sie wird wohl nie das Glück haben, eine dauerhafte Partnerschaft eingehen zu können. Sie igelt sich zuhause ein, geht nicht mehr aus und sucht sich Hobbys, die sie alleine ausüben kann. Mit ihren Freunden trifft sie sich auch nicht mehr, da diese alle glücklich verheiratet sind. Sie resigniert und akzeptiert, dass die Zukunft für sie einfach aus dem Alleinsein bestehen wird. Ihre Freundin rät ihr, endlich aus ihrem Schneckenhaus herauszukommen und sich zum Beispiel bei einer Partnerschaftsbörse anzumelden. Sie müsste nur ein wenig dafür tun. Das jedoch zieht sie gar nicht in Erwägung.

Reaktionsmuster Nr. 4: Noch mehr tun

Reaktionsmuster: Noch mehr tun	
Wiederkehrende Gedanken:	Wenn ich noch mehr arbeite, dann kann ich die Ziele erreichen. Pausen sind Zeitverschwendung. Noch mehr Aktivität und ich kann die Gefahr bannen.
Emotionale Empfindungen, die dadurch ausgelöst werden:	Ungeduld, gereizt sein, gehetzt sein, Unruhe und gegebenenfalls eine Mischung aus den oben genannten Emotionen
Verhaltensreaktionen, um sich zumindest kurzzeitig zu entlasten	▪ Multitasking – Mehreres gleichzeitig machen ▪ Schnelles Reden und Handeln ▪ Wettbewerb mit anderen ▪ »Hamsterrad«-Verhalten

BEISPIEL

Carsten ist Projektmanager. Die Arbeit stapelt sich auf seinem Schreibtisch. Immer dann, wenn eine Aufgabe erledigt scheint, kommt eine neue hinzu. So geht das jetzt schon seit Monaten. Er kommt früher zur Arbeit und bleibt bis spät abends. Zum Essen hat er tagsüber keine Zeit. Der Sport fällt aus, die Gitarre verstaubt. Mit seinen Freunden und der Band hat er sich schon lange nicht mehr getroffen. Keine Zeit! Er konzentriert sich auf seine Arbeit, wird immer ungeduldiger und hetzt von einem Termin zum anderen.

Zunächst geht es Carsten besser. Er legt den Arbeitsturbo ein und schafft damit seine Aufgaben. Er erreicht die in ihn gesetzten Ziele und fühlt sich dann bestätigt und erfolgreich. Er vermisst die Freizeitaktivitäten und Pausen nicht, weil er viel erreichen kann. Er fühlt sich, trotz erster Stress-Symptome, noch energiegeladen und bleibt diszipliniert. Langfristig werden die anhaltenden Stresshormone ihn jedoch schädigen, er wird sich bis hin zur Erschöpfung verausgaben.

> Verhalten lässt sich nicht so einfach unterbinden, da viele Muster unbewusst ablaufen. Solche Verhaltensmuster gilt es zu erkennen und zu unterbrechen, um in den jeweiligen Situationen bewusste Entscheidungen treffen zu können. Im Kapitel »Strategien für ein entspanntes Leben« lernen Sie Techniken und Methoden kennen, wie das gelingt.

Dauerstress macht krank

In unzähligen Studien und Untersuchungen wurde nachgewiesen: Stress macht krank. In der folgenden Aufzählung sind diejenigen Erkrankungen und Beschwerden aufgeführt, die durch Dauerstress verursacht oder in ihrem Verlauf beeinflusst sein können.

Aber Vorsicht: Nicht jede der aufgeführten Erkrankungen bzw. Beschwerden muss zwangsläufig vom Stress kommen.

- Ohrgeräusche, Tinnitus, Hörsturz
- Kopf- und Rückenschmerzen
- Erhöhter Blutzuckerspiegel/Diabetes
- Verringerte Schmerztoleranz
- Erhöhtes Schmerzerleben
- Beeinträchtigung der kognitiven Leistungsfähigkeit
- Gedächtnisstörungen

- Verdauungsstörungen
- Magen-Darm-Geschwüre
- Bluthochdruck
- Erhöhter Cholesterinspiegel
- Erhöhter Augeninnendruck
- Verminderte Immunkompetenz von außen (Erkältung, Infektionserkrankungen) und innen (Tumorwachstum)
- Autoimmunerkrankungen (das sind übersteigerte Immunreaktionen gegenüber Einflüssen von innen)
- Allergien, also Autoimmunerkrankungen von außen
- Asthma
- Fettstoffwechselstörungen, Übergewicht
- Morbus Crohn
- Herzinfarkt
- Zyklusstörungen
- Libidoverlust und Impotenz
- Fibromyalgie (Weichteilrheumatismus)
- Hirninfarkt
- Depressionen und Burnout-Syndrom
- Verengungen und Verhärtungen der Arterien (Arteriosklerose)
- Durchblutungsstörungen am Herzen (Herzinfarkt)

Auf einen Blick: Stressreaktionen

- Wie wir auf Stress reagieren, wird von unserem Gehirn in komplexen Abläufen gesteuert.
- Die Intensität der Stressreaktion hängt davon ab, wie unser Gehirn eine Situation einordnet. Es greift dabei auf Erfahrungen und Bewertung zu, die als Wahrnehmungsfilter der Reaktion vorgeschaltet sind.
- Stuft das Gehirn eine Situation als Gefahr ein, wird der Körper in den Alarmzustand versetzt, dem, wenn die Anspannung nachlässt, die Erholungsphase folgt.
- Wenn Stress zum Dauerzustand wird, bleibt die Erholungsphase aus. Unser Organismus ist dann in permanenter Alarmbereitschaft und kann sich nicht mehr regenerieren, was früher oder später in Erschöpfung mündet.
- Dauerstress macht krank und äußert sich durch zahlreiche Symptome auf körperlicher und emotionaler Ebene.

Raus aus der Stress-Spirale

Stress ist ganz normal. Er gehört zum Leben dazu und muss sogar sein, damit unser Körper gut funktioniert. Ziel eines erfolgreichen Stressmanagements ist es daher nicht, Stress um jeden Preis zu vermeiden. Es geht vielmehr darum, Wege aus der Stress-Spirale zu finden und mit der alltäglichen Belastung besser umzugehen.

In diesem Kapitel erfahren Sie u. a., dass

- es weder Allheilmittel noch Wunderwaffen gegen Stress gibt,
- es trotzdem gar nicht so schwer ist, etwas gegen Stress zu tun,
- Stressbewältigung bei Ihnen selbst anfängt.

Von Wundern und Allheilmitteln

Wie gerne hätten wir ein Allheilmittel, dass unsere Probleme, so vor allem sehr belastende wie Stress, auf Anhieb löst! Doch je komplexer ein System ist, desto schwieriger lässt sich eine allgemeingültige Lösung finden und standardisieren. Und der Mensch selbst zählt zu den komplexesten Systemen überhaupt. Er entspricht – bildlich gesprochen – einem gigantischen System aus unglaublich vielen kleinen Zahnrädern.

Jedes dieser Zahnräder hat eine wichtige Aufgabe. Und jede noch so kleine oder unbedeutende Veränderung eines einzigen Rädchens hat Auswirkungen auf alle anderen. So verändert sich, manchmal sogar ohne die Wirkung vorhersagen zu können, das gesamte System.

All das, was sich in unserem Körper abspielt und miteinander zusammenspielt, ist bereits für sich allein genommen hochkomplex. Doch damit nicht genug: Dieses System ist zusätzlich noch verbunden mit seiner Außenwelt. Auch dort gibt es Zahnräder, die ineinandergreifen: So kann bereits eine winzige Bakterie, die wir aus der Umwelt aufnehmen, eine große Wirkung auf unsere körperlichen Funktionen haben, diese wiederum auf den Stoffwechsel, dieser wiederum auf die Konzentrationsfähigkeit, diese wiederum auf die Ausübung des Berufes oder den Umgang mit Mitmenschen usw.

Fast so komplex wie dieses System sind auch die Meinungen und Ansätze, die es zur Stressbewältigung gibt. Was ist nun das am besten geeignete Mittel, den Stress in den Griff zu bekommen? Ist es Stressmanagement, ist es Resilienz- oder Achtsamkeitstraining, Sport, Ernährung, sind es Entspannungsverfahren? Die Antwort auf diese Frage macht uns nicht schlauer als vorher: »Alle und keines!« Jedes für sich wirkt an einem anderen Zahnrad oder auch an mehreren und jedes bewirkt etwas. Doch keines bewirkt alleine eine Lösung. Und weil das so ist, existiert auch weiterhin Unsicherheit in unseren Köpfen: »Wo fange ich an, wem soll ich glauben? Bin ich auf dem richtigen Weg? Ist das der korrekte Ansatz? Gibt es Besseres, vielleicht Wirkungsvolleres?«

Übertragen auf das System der Zahnräder, ist diese Unsicherheit eines der ganz kleinen, tief in uns gelegenen Rädchen, dessen Aktivität sich auf das gesamte System auswirkt und so manches andere große Rädchen massiv beeinflusst.

In der medizinischen Forschung konnte man die Wirksamkeit verschiedener Ansätze nachweisen. In diesem TaschenGuide lernen Sie viele dieser bewährten Einzelansätze sowie Übungen und Strategien kennen. Manche davon beeinflussen die Zahnrädchen direkt, manche dienen als »Schmieröl«, um einen reibungslosen Ablauf der Stressbewältigung zu gewährleisten. Probieren und experimentieren Sie mit diesem Material.

Welche Strategie für Sie geeignet ist und sich obendrein auch noch gut in Ihren Alltag integrieren lässt, kann nur ein Mensch entscheiden: Sie selbst.

Unserer Erfahrung nach ist es nicht erfolgreich, sich (nur) um ein großes Zahnrad zu bemühen, um große Veränderungen zu initiieren. Es ist viel wichtiger, kleine, vielleicht nur feine Impulse für eine Vielzahl von Systempunkten zu geben, um das ganze System langfristig gesund und aufrecht zu erhalten. Denn kleine Schritte führen vielleicht etwas langsamer, dafür aber sicherer ins Ziel.

Regenerieren: gar nicht so schwer, wie man denkt

Die schlechte Nachricht: Stress macht krank. Die gute Nachricht: Der menschliche Körper hat eine phänomenale Regenerationsfähigkeit. Mit dem richtigen Verhalten, Entspannungsübungen, ausreichend Bewegung und gesunder Ernährung stellen wir ihm alles Notwendige zur Verfügung, um sich, zwar nicht von heute auf morgen, aber dennoch wieder selbst in den gesunden (Original-)Zustand zu begeben. Blutdruck, vegetatives Nervensystem, Muskeltonus und Organe können sich wieder vollständig erholen.

Schnelle Hilfe gibt es nicht

In der heutigen Zeit haben die Menschen allerdings oft keine Geduld und auch keine Lust, Anstrengungen in Kauf zu nehmen, um sich selbst zu heilen. Viel komfortabler ist eine schnelle Behandlung der Symptome durch Medikamente, so z. B. mit Schmerztabletten, Pillen gegen Sodbrennen oder Blähungen, Schlaftabletten oder gar Aufputschmitteln. Sie nehmen einem die Schmerzen und lassen es uns sofort wieder gutgehen.

Wenn die ersten Stresssymptome auf eine solche Art und Weise immer rechtzeitig »betäubt« werden, kann es, so die medizinischen Statistiken, bis zu drei Jahren dauern, bis der körperliche und psychische Zustand derart deutlich wird, dass betäubendes Verhalten nicht mehr darüber hinwegtäuschen kann. Dann befindet sich der Mensch jedoch bereits in der Erschöpfungsphase. Um dies zu vermeiden ist es wichtig, dass man seine eigenen körperlichen Empfindungen frühzeitig wahrnimmt. Achtsamkeitsübungen helfen dabei.

Die Grundlagen für die Regeneration des Körpers sind

- das realistische Wahrnehmen und Erkennen der aktuellen Situation,
- die Bereitschaft, sich selbst und den Körper zu verstehen und zu akzeptieren, und
- die Disziplin aus der eigenen Komfortzone zu treten und bewusste Entscheidungen hin zur eigenen Gesundheit zu treffen.

Man muss keine komplizierten Maßnahmen treffen oder sein Leben völlig umkrempeln, um Körper und Geist wieder in Ruhe zu bringen und es künftig zu vermeiden, erneut in die Stressfalle zu geraten. Im Gegenteil. Es gibt ein paar sehr einfache, aber nachweislich höchst wirksame Übungen, die dabei helfen. Sie sind so einfach, dass viele Menschen diese Lösungen als nicht vollwertig anerkennen.

Warum es so wichtig ist, Geduld zu haben

Die Übungen und Maßnahmen sind einfach. Schwierig ist allerdings das Tun: Geduld zu haben, dabei zu bleiben und diszipliniert an sich zu arbeiten. Der Mensch ist ungeduldig und möchte umgehend ein Ergebnis sehen. Für die Regeneration stressbedingter Symptome sind jedoch Maßnahmen erforderlich, die im limbischen System des menschlichen Gehirns die Stressachse beruhigen und Hormone für Wohlbefinden ausschütten. Diese Maßnahmen erreichen zunächst nicht den Neokortex. Das Gehirn kann die Wirkung der Maßnahmen daher nicht bewusst wahrnehmen. Erst die daraus resultierenden Ergebnisse kommen in unserem Denkvermögen bewusst an.

Wir merken den Erfolg der Übungen also erst, wenn wir wieder schlafen können, wieder Freude an Berufs- und Freizeitaktivitäten empfinden, keine Schmerzen mehr haben oder das eigene Verhalten als gelassen und ausgeglichen wahrnehmen. Das ist der Grund, weshalb viele Menschen Entspannungsverfahren, Bewegungsübungen oder eine ausgewogene Ernährung nicht konsequent und regelmäßig umsetzen. Sie sehen keinen Zusammenhang zwischen ihren Stressauslösern und dem möglichen Erfolg der Maßnahmen.

In den Kapiteln »Strategien für ein entspanntes Leben« und »Regenerationsmaßnahmen« lernen Sie viele Übungen und Maßnahmen kennen, die es Ihnen möglich machen, sich wieder zu erholen.

Der Anfang: die Suche nach den Ursachen

Kennen Sie das? Sie sehen genau, was Sie stresst, verändern Ihr Leben, um etwas dagegen zu tun, und doch zeigt es keine Wirkung? Um zu verstehen, was hier passiert, ist es wichtig, den Blick auf das Ganze zu richten. Lassen Sie uns das anhand eines ausführlichen Beispiels verdeutlichen.

BEISPIEL

Elisabeth ist 46 Jahre alt. Sie arbeitet in einem größeren Unternehmen in der Personalabrechnung, ist Mutter von zwei Teenagern und kümmert sich sehr oft um ihre Eltern, die sich nicht mehr so gut selbst versorgen können. Seit ihre Kinder 9 und 12 Jahre alt sind, arbeitet sie wieder 35 Stunden die Woche. Ihr Mann und sie waren froh, dass sich das so einrichten und organisieren ließ. Es ist ihr klar, dass ihre Belastung mit Beruf und Familie sehr hoch und fordernd ist. Zunächst lief jedoch alles prima. Doch vor ein paar Monaten hat sie noch ein paar Aufgaben eines Kollegen, der in den Ruhestand gegangen ist, übertragen bekommen, die sie kaum bewältigen kann. Sie fühlt sich jetzt oft müde, kann nicht mehr abschalten, schläft schlecht und hat zunehmend Probleme, all ihren Aufgaben gerecht zu werden. Als dann noch ihre Kollegin ausfällt, deren Arbeiten sie – zumindest bis ein Ersatz gefunden ist – miterledigen soll, und parallel dazu auch eine neue Software eingeführt wird, die nur sporadisch funktioniert, wird Elisabeth alles zu viel. Sie bekommt einen Tinnitus und wird eines Nachts mit Herzrasen ins Krankenhaus eingeliefert.

In den darauffolgenden Wochen der Arbeitsunfähigkeit erholt sie sich wieder. Sie beginnt die Ratschläge ihres Arztes umzusetzen. Sie geht nun regelmäßig zum Schwimmen und mit ihrer Freundin zum Nordic Walken. Auch achtet sie strikt auf eine gesunde Ernährung. Zurück im Job – mittlerweile hat sie eine junge Kollegin, die sie bei der Arbeit unterstützt – spürt sie trotz all dieser neuen Maßnahmen innerhalb kürzester Zeit, dass ihr Gesundheitszustand sich wieder verschlechtert. Außerdem, und das frustriert sie ganz besonders, nimmt sie trotz Sport und disziplinierten Essens immer weiter zu. Sie zweifelt daran, ob das alles überhaupt etwas nützt.

Jetzt hat sie sich zu einem Stressmanagement-Seminar angemeldet. Vielleicht bringt das ja was, sagt sie sich.

Wenn man die Geschichte von Elisabeth anhört, drängt sich das Bedürfnis auf, die ganze Situation etwas genauer zu beleuchten. Was genau ist die Ursache für ihr Stressempfinden? Die viele Arbeit, die sie kaum bewältigen kann? Der Spagat zwischen der Familie, dem Beruf und den Eltern, die auf sie angewiesen sind? Die ungewohnte Arbeitsorganisation und/oder Software? Die Enttäuschung, dass der Sport nicht wirkt, wie erhofft? Die Frustration über die Gewichtszunahme? Oder ist es der anhaltende Schlafmangel und die daraus resultierende Erschöpfung?

Es tauchen im Beispiel so viele unterschiedliche Stressauslöser auf, dass sich die Frage stellt, mit welchem Wahrnehmungsfilter Elisabeth diese betrachtet. Welche ihrer Werte, Erfahrungen und Emotionen spielen dabei eine Rolle? Und welche Ressourcen stehen ihr zur Bewältigung der Stresssituationen zur Verfügung?

Der Blick auf das Detail

Um eine erfolgreiche Stressbewältigung zu betreiben, ist es wichtig, den Blick nicht »allgemein« über das gesamte Feld möglicher Stressursachen schweifen zu lassen, sondern ihn gezielt zu lenken.

Reflexion: Was sind die Ursachen für Ihr Stressempfinden?

Finden Sie die genaue Ursache für Ihr Stressempfinden heraus, indem Sie sich viel Zeit für die Beantwortung der folgenden Fragen nehmen:

- Habe ich Stress, weil es mir körperlich nicht gut geht? Habe ich z. B. Schmerzen, fühle ich mich krank oder bin ich einfach nur müde oder erschöpft?
- Bin ich durch bestimmte Empfindungen irritiert, wie z. B. Angst oder sogar Panik, Wut oder Traurigkeit, so dass ich gefühlsmäßig sehr angespannt bin? Was sind die Gründe dafür (diese müssen nicht unbedingt mit dem wahrgenommenen Stressor zusammenhängen)?

Reflexion: Was sind die Ursachen für Ihr Stressempfinden?

- Was geht gedanklich in meinem Kopf vor? Wie ist meine innere Haltung dazu und warum ist das so? Bin ich unentschlossen oder unklar? Kreisen meine Gedanken vielleicht um Misserfolg und negative Leitsätze? Drängen mich Glaubenssätze zu bestimmten Verhaltensmustern? Und welche Erwartungen habe ich an die anderen?
- Oder sind es ungünstige äußere Bedingungen, die mich unter Stress setzen? Ist z. B. die Zeit oder das Budget für eine Aufgabe viel zu knapp bemessen? Gibt es Probleme in der Arbeitsumgebung oder am Arbeitsplatz, wie z. B. eine starke Lärmeinwirkung? Welche Erwartungen werden von anderen in mich gesetzt?

Die meisten stressgeplagten Menschen – das haben die jahrelangen Erfahrungen mit unzähligen Teilnehmern in unseren Seminaren bestätigt – bemerken, dass ihnen die Kraft ausgeht. Sie sind müde, erschöpft oder verärgert und spüren, dass der Körper die hohe Belastung in Form von immer häufiger auftretenden Schmerzen quittiert. Erst dann wird ihnen wirklich bewusst, dass sie (zu stark) gestresst sind.

Und genau das ist dann auch der erste Schritt auf dem Weg hin zur erfolgreichen Stressbewältigung: das Erkennen der belastenden Situation. Meist entscheiden die Betroffenen sich dann, etwas dagegen zu tun. Sie beginnen umgehend mit Maßnahmen, von denen sie gehört oder gelesen haben. Doch damit überspringen sie ein paar Schritte auf ihrem Weg und kommen nicht selten ins Stolpern. Der erhoffte Erfolg, den Stress zu bewältigen, bleibt dann häufig aus.

Sieben Schritte für ein erfolgreiches Stressmanagement

Um erfolgreich den Stress zu bewältigen und die daraus resultierenden positiven Energien zu nutzen, bedarf es etwas mehr, als nur den einen »Schritt« in die richtige Richtung. Viele Teilnehmer beginnen hochmotiviert mit der Umsetzung neugewonnener Lösungsstrategien und erleben dann, dass die Maßnahmen nicht den versprochenen oder erwarteten Erfolg bringen. Ursache hierfür ist, dass kleine, aber maßgebliche Zwischenschritte übersprungen oder gänzlich ignoriert werden.

Schritt		Was steckt dahinter?
1.	Belastende Situation wahrnehmen und akzeptieren	Halten Sie inne und betrachten Sie Ihre aktuelle Situation. Nehmen Sie bewusst wahr, was gerade um Sie herum und mit Ihnen geschieht. Welche Arbeiten liegen gerade vor Ihnen und wie sieht die Stresssituation aus? Ein wichtiger, wenn auch nicht leichter Schritt ist es, zu akzeptieren, dass es so ist, wie es ist, und für einen Moment innezuhalten. Hier hilft Achtsamkeit: Werten Sie nichts, sondern beobachten Sie nur interessiert, was da ist.

Schritt		Was steckt dahinter?
2.	Distanz zur belastenden Situation finden	Schaffen Sie Distanz zur aktuellen Situation, so z. B. durch eine Pause oder einen Ortswechsel. Nutzen Sie einen unbeobachteten Moment und führen Sie eine kurze Übung durch, um die aufgestauten Spannungen im Körper abzureagieren. Werden Sie bewusst ruhig. Erst wenn Ihr Zorn abgeflacht, sich Ihre genervte Stimmung beruhigt hat, erst wenn Sie wieder ruhig ein- und ausatmen, können Sie sich auch objektiv Ihrer belastenden Situation zuwenden. Ein einfaches »Weglaufen« und »Aufgeben« ist oft nicht die Lösung – und meist auch nicht möglich.
3.	Diagnose	Begeben Sie sich auf Ursachenforschung und beleuchten Sie die Situation näher: Wo liegt die Verantwortung? Was ist mir selbst wichtig, was sind meine Bedürfnisse? Wo stecken die Energiefresser und Zeitdiebe und welche unliebsamen Gewohnheiten stehen mir selbst im Weg?
4.	Dranbleiben an den Stressauslösern	Dies ist ein sehr wichtiger Schritt, an dem viele Versuche von effektiven Stressbewältigungsmaßnahmen scheitern. Sobald das Schlimmste vorbei ist, bewegen wir uns wieder in unserer Komfortzone. Es ist anstrengend, aktiv etwas zu ändern. »War doch gar nicht so schlimm«, denken wir hinterher oft, um dann weiterzumachen wie bisher. Bleiben Sie dran an Ihren Stressauslösern, denn nur so finden Sie eine erfolgreiche Lösung für die Zukunft.

Schritt		Was steckt dahinter?
5.	Lösungsorientiert planen und handeln	Nur wer eine Entscheidung trifft und eine Veränderung auch wirklich möchte, wird erfolgreich Maßnahmen entwickeln, um die eigene Stress-Toleranz zu erhöhen. Er wird dann sogar die Energien aus den Stresssituationen langfristig positiv nutzen können. Jetzt ist es an der Zeit, sich aus der Vielzahl an Stressbewältigungsmöglichkeiten ein bis zwei Übungen oder Strategien auszusuchen, die Sie in den nächsten Wochen ausprobieren.
6.	Durchführen	Es sind die kleinen Schritte, die zu großen Zielen führen. Beginnen Sie Ihren Plan in kleinen Etappen umzusetzen, im zeitlich abgesteckten Rahmen. Setzen Sie sich machbare Etappenziele. Das Ziel »Ich mache ab sofort immer eine Entspannungsübung«, ist wie ein riesiger Berg, der schier unüberwindbar erscheint. Besser: »In den nächsten vier Wochen werde ich an jedem Abend eine Entspannungsübung durchführen« – ein solches Zwischenziel ist machbar und der Anfang ist gemacht.
7.	Dabeibleiben	Bleiben Sie bei Ihren Maßnahmen. Lassen Sie diese zu nützlichen Gewohnheiten und lieben Ritualen werden. Auch hier hilft wieder Achtsamkeit: Spüren Sie in sich hinein und beobachten Sie erste angenehme Veränderungen.

Stressbewältigung: Warum es ohne konkretes Ziel nicht geht

Ziele geben unserem Handeln eine Richtung. Wenn wir eine klare Zielvision haben, gelingt es uns leichter, die Disziplin aufzubringen, konsequent den Weg dorthin zu verfolgen. Wir werden nicht so schnell durch Nebenschauplätze abgelenkt. Sollten wir doch einmal vom Weg abkommen, bringen uns unsere Ziele wieder zurück auf die Spur.

Voraussetzung dafür ist jedoch, dass diese Ziele

- unsere vorhandenen Bedürfnisse und latenten Wünsche berücksichtigen,
- mit unseren Werten vereinbar sind und
- sich realistisch umsetzen lassen.

Nur dann können aus einem allgemein gehaltenen Ziel konkret umsetzbare Etappenziele und die dafür notwendigen Maßnahmen hergeleitet werden.

Nun zeigt aber die Erfahrung, dass der Mensch, besonders wenn es um persönliche Ziele und im Speziellen um Stressbewältigung geht, nur den weit entfernten, wenig greifbaren Wunsch hat: »Alles soll wieder gut sein«. Kommen wir zurück auf Elisabeth aus dem Beispiel oben. Sie hat sich für die Zukunft vorgenommen ...

- sportlich zu sein: Doch was bedeutet für Elisabeth sportlich? Heißt das, ein- oder zweimal in der Woche zum Sport zu gehen oder nur jeden zweiten Tag? Und wie lange soll die Trainingseinheit dauern? Geht es ihr um Teamsport oder Bewegung, die sie für sich alleine machen kann? Was tut ihr gut und wichtiger noch, was macht ihr Spaß? Heißt für sie »sportlich sein« auch Leistungen zu zeigen oder sich mit anderen zu messen? Oder möchte sie eigentlich ein ganz anderes Ziel damit erreichen, z. B. eine Gewichtsabnahme?

- gesund zu sein: Wann würde Elisabeth bemerken, dass sie dieses Ziel erreicht hat? Was bedeutet aktuell für sie »gesund sein«? Wieder ruhig schlafen zu können? Nicht so häufig erkältet zu sein? Will sie völlig frei sein von Krankheitssymptomen? Welche Bedürfnisse müssen gerade jetzt erfüllt werden?

Der Blickwinkel richtet sich, je nachdem, wie die Fragen beantwortet werden, immer ein wenig anders aus. Solange Elisabeth sich nicht tiefer mit ihren Werten und Bedürfnissen beschäftigt, wird sie ihre Wunschziele nicht erreichen, denn sie sind zu allgemein, um konkrete Maßnahmen und Schritte daraus herleiten, planen und umsetzen zu können. Aus diesem Grund sind die Stressbewältigungsschritte Nr. 2, 3 und 4 auch so wichtig.

Gute Ziele sind SMART

Ein bewährtes Hilfsmittel zum Setzen von Zielen ist die SMART-Methode. Sie stammt aus dem Business-Kontext, ist aber auch sehr gut geeignet, um persönliche Ziele zu überprüfen. SMART ist ein Akronym.

Was hinter dem Akronym SMART steckt	
S	Specific
M	Measurable
A	Achievable
R	Realistic
T	Time-based

Specific: konkret definiert

Spezifisch ist ein Ziel dann, wenn es ganz konkret definiert und aus eigener Kraft erreicht werden kann. Das bedeutet nicht etwa, ganz ohne Hilfe und Unterstützung auszukommen, sondern es heißt, sich nicht von anderen abhängig zu machen.

BEISPIEL

Statt »Ich will mehr Sport machen«, könnte Elisabeth formulieren: »Ab dem … gehe ich zwei Monate lang jeden Montag- und jeden Donnerstagabend für eine halbe Stunde walken.«

Measurable: messbar

Woran werden Sie es erkennen, dass das Ziel erreicht ist? Um später feststellen zu können, ob Sie das Ziel erreicht haben, gilt es, einen messbaren Wert dafür vorzusehen. Bei Zielen, die Sie in Zahlen ausdrücken können, ist das natürlich leicht, bei allen anderen Zielen ist es eine Herausforderung.

BEISPIEL

Beim Sport von Elisabeth ist es einfach: Sie hat ihr Ziel erreicht, wenn sie es schafft, zwei Monate lang zweimal die Woche eine halbe Stunde walken zu gehen.

Wäre ihr Ziel, im Job besser Grenzen setzen zu können, wird es schon schwieriger. Sie könnte hier definieren, dass sie ihr Ziel erreicht hat, wenn es ihr gelingt, an mindestens drei Abenden die Woche spätestens um 17 Uhr zu Hause zu sein.

Achievable: attraktiv

Ziele, hinter denen man nicht oder nur halb steht, sind nur schwer zu erreichen. Zweifel begleiten dann den gesamten Prozess und behindern die Durchführbarkeit. Das Ziel muss es Ihnen wert sein, damit Sie die notwendige Motivation dafür aufbringen. Es muss attraktiv sein. Formulieren Sie Ihr Ziel immer positiv und malen Sie es sich mit all seinen Vorteilen aus.

BEISPIEL

Statt: »Ich will nicht mehr so viel arbeiten«, besser: »Ab Montag nächster Woche gehe ich jeden Tag pünktlich um 18 Uhr nach Hause, um mehr Zeit mit meiner Familie zu verbringen.«

Statt: »Ich lasse mich nicht mehr stressen von meinem Kollegen.« besser: »Am nächsten Montag frage ich meinen Kollegen, ob wir uns abends zusammensetzen und in Ruhe reden, um den zwischen uns schwelenden Konflikt beizulegen.«

Realistic: realistisch

Ein Ziel kann durchaus eine Herausforderung für uns sein, aber es muss auch klar sein, dass es erreicht werden kann. Ist das nicht der Fall, fangen wir meist erst gar nicht an, uns auf den Weg zu machen. Übertreiben wir es mit unserem Ehrgeiz, dann führt das meist nur in den Frust und nicht zum Ziel.

BEISPIEL

Würde Elisabeth sich vornehmen, in zwei Monaten fit für einen Marathon zu sein, wären Enttäuschung und Frust vorprogrammiert. Dieses Ziel ist für sie in dieser Zeit nicht erreichbar – ganz abgesehen davon, dass es für ihr Vorhaben, Stress zu bewältigen, kontraproduktiv ist.

Time-based: terminiert

Jedes gute Ziel hat einen Zeitpunkt, zu dem es erreicht sein soll. Ein klares Enddatum zwingt dazu, sich ein realistisches Ziel zu setzen und sich zu hinterfragen: »Schaffe ich das bis dahin?«

Das Rubikon-Modell

Sie haben sich das Ziel gesetzt, Ihren Stress zu bewältigen, und sind motiviert, die Sache anzugehen. Kleine Umsetzungen haben Sie bereits auf den Weg gebracht. Wenn da nicht ständig der »innere Schweinehund« wäre, der Sie in die andere Richtung – hin zu den gewohnten Verhaltensmustern – ziehen würde! Wir wollen ein Problem (Folgen vom Stress) beseitigen und haben Maßnahmen dafür geplant, die unsere bisherigen Verhaltensmuster und Lebensgewohnheiten umstellen. Bisher bekanntes Terrain zu verlassen, quittiert unser Gehirn jedoch immer mit Verunsicherung und Zweifeln, ob es wirklich sinnvoll ist, sich auf Unbekanntes einzulassen. Der »innere Schweinehund« versucht alles ihm Mögliche, uns von der Veränderung abzuhalten. Geben wir dem statt, driften Motivation und Handeln immer weiter auseinander.

BEISPIEL

In einem Coaching erzählt Stefan:

»Es ist wie verhext. Ich weiß, dass ich Sport treiben muss. Ich habe alles für das Joggen vorbereitet, habe mir Laufschuhe gekauft und einen Fitness-Tracker. Auch feste Zeiten habe ich dafür eingeplant: dreimal wöchentlich immer abends nach der Arbeit. Ich freue mich auch darauf, denn ich weiß, dass mir der Sport hilft, meine Stresshormone abzubauen. Aber immer dann, wenn es ums konkrete Loslaufen geht, beginnen die Gedanken zu kreisen: »Muss das heute Abend sein?«, »Hat das Laufen überhaupt einen Sinn?«, »Mache ich es auch richtig? Und hat es überhaupt eine Wirkung? Ich fühle mich noch immer gestresst ...«, »Ich bin so kaputt, Ruhe wäre da doch viel besser. Ich bin heute im Büro schon so viel gelaufen«.

Und ehe ich es mich versehe, falle ich aufs Sofa, statt mir meine Laufschuhe anzuziehen. Und wissen Sie was? Es geht mir dann auch richtig gut. Ich bin innerlich erleichtert und genieße diesen Sofa-Abend ganz besonders. Am nächsten Morgen dreht sich der Spieß jedoch um. Ich ärgere mich über mich selbst, habe ein schlechtes Gewissen und fühle mich undiszipliniert.«

Der Mensch neigt im gestressten Zustand dazu, unbewusst auf Gewohnheitshandlungen zurückzugreifen. Statt sich auf ein Ziel zu fokussieren, erledigt er mehreres gleichzeitig. Mit Hilfe des sog. Rubikon-Handlungsmodells können Sie sich leichter auf wirklich wichtige Ziele fokussieren und stressbedingtes Multitasking unterbinden. Die Psychologen Heinz Heckhausen und Peter M. Gollwitzer haben dieses motivationspsychologische Modell entwickelt. Es zeigt auf, was uns zum Handeln bewegt, und unterscheidet dabei vier formelle Phasen.

Das Rubikon-Modell		
1.	Abwägungsphase	Wir wägen Wünsche und Erwartungen ab und prüfen Anreize auf Motivationsstärke: Was spricht dafür und was spricht dagegen? Will ich das wirklich? Wie wichtig ist es mir? Was passiert, wenn ich scheitere?
Kritischer Punkt: Überschreiten des Rubikon		
2.	Planungsphase	Es geht nicht mehr darum, was erreicht werden soll, sondern um das »Wie« der Umsetzung: Wie kann das Ziel erreicht werden? Was ist dazu erforderlich?
3.	Handlungsphase	In dieser Phase ist es wichtig, sein Handeln konsequent auf das Ziel auszurichten, sich nicht ablenken zu lassen und trotz Hürden am Ball zu bleiben.
4.	Bewertungsphase	In der Bewertungsphase wird beurteilt, ob die Handlungen ein Erfolg waren oder nicht. Eventuell müssen Handlungen überdacht und verbessert werden oder das eigentliche Ziel muss angepasst oder verändert werden.

Kritischer Punkt: das Überschreiten des Rubikon

Die Phase Nr. 1, die Abwägungsphase, endet mit einer klaren Entscheidung, die spontan oder nach sorgfältigen Überlegungen getroffen wird. Der Entschluss entspricht einer tatsächlichen Festlegung auf ein bestimmtes Ziel. Heckhausen bezeichnet diesen Moment, in dem der Entschluss gefasst wird, in seinem Handlungsphasenmodell als »Schritt über den Rubikon«, um ihn in Anlehnung an die Geschichte als entscheidenden Schritt zu charakterisieren. Julius Caesar hatte mit dem Überqueren des Grenzflusses Rubikon nach Gallien

49 vor Christus unwiderruflich den Bürgerkrieg zwischen sich und Pompeius eröffnet.

Inzwischen weiß man zwar aus neurowissenschaftlichen Studien, dass die Umsetzung auch weiterhin von konkurrierenden Zielen und Werten gehemmt wird. Aber trotzdem bringt diese Entscheidung einen hohen motivationalen Reiz, das gesetzte Ziel zu erreichen.

Warum wir oft nicht über den Rubikon kommen
Man will es nicht wirklich: Die Motivation ist nicht ausreichend hoch, weil man nicht genug Gründe zugunsten des Entschlusses findet.
Selbstzweifel stehen im Weg.
Es gibt zu viele Wünsche oder miteinander konkurrierende Ziele.
Das limbische System konfrontiert uns über unsere Emotionen mit dem zu erwartenden Aufwand – oder wir stellen uns unangenehme Situationen vor, die eintreten könnten.

Ein Anwendungsbeispiel

Kommen wir zurück zu Stefan und seinem »inneren Schweinehund« aus unserem Beispiel oben. Im Coaching nahm er seinen Vorsatz, zukünftig zu joggen, anhand des Rubikon-Handlungsmodells unter die Lupe.

Stefan durchläuft anhand des Modells die Abwägungsphase: Der Grund für seine Entscheidung zum Joggen war nicht etwa Faszination für den Sport, sondern dass er nachts nicht mehr richtig schlafen und die Gedanken an den beruflichen Alltag nicht mehr abschalten kann. Er hat bemerkt, dass seine Leistungs- und vor allem Konzentrationsfähigkeit stark nachgelassen hat. Er möchte beides, noch bevor irgendjemand den »Mangel« registriert, wieder verbessern. Er will wieder besser schlafen und sich konzentrieren können.

Er stellt weiter fest, dass er die Planungsphase vollständig übersprungen hat. Nach dem Motto »Wird schon laufen« legte er los. Bei näherem Betrachten wird ihm nun bewusst, dass die Häufigkeit seiner Trainings für den Anfang vielleicht ungünstig war und einen nicht unerheblichen Einfluss auf seine berufliche Zeitorganisation hatte. Der Tracker zeigte ihm zwar seine geschafften Strecken, er konnte es aber nicht vermeiden, sich dabei mit anderen zu vergleichen. Zudem setzten ihn leistungsbezogene Vorsätze (»Nur noch 2 Kilometer mehr, dann habe ich einen Fortschritt!«) unter Druck.

Beim Reflektieren der Handlungsphase entdeckt er für sich, dass er eher mit einem »Ich muss« an die Ausführung seines Vorsatzes gegangen ist als mit einem »Es tut mir gut«.

Innerlich bewertete er – mit der vierten Phase – jedes Training und zweifelte an seinem Erfolg. Denn die erhoffte Verbesserung seiner Einschlafsituation war nach keinem Training eingetreten. Im Gegenteil, nach dem Laufen war er so munter, dass er viel später als sonst ins Bett ging – mit der Folge, dass er am nächsten Morgen noch müder ins Büro kam als sonst.

Stefan erarbeitete sich im Coaching anhand des Modells noch einmal neue Handlungsmaßnahmen. Diesmal jedoch achtete er darauf, dass er in der Abwägungsphase die richtigen Ziele definierte und die Maßnahmen gezielter plante. Die Umsetzung fiel ihm daraufhin wesentlich leichter.

Glaubenssätze ändern – Wahrnehmungsfilter justieren

Unsere frühkindlichen Erfahrungen und späteren Lebenserfahrungen prägen unsere Sicht der Welt, unseren Blick auf unser soziales Umfeld und Überzeugungen über uns selbst. Sie entstehen dann, wenn wir einen Zusammenhang zwischen einem bestimmten Verhalten und der Befriedigung eines Bedürfnisses erleben. Im besten Fall stimmen unsere Glaubenssätze mit unseren Werten und Zielen überein. Oftmals behindern sie uns jedoch eher.

Ob ein Glaubenssatz hilfreich ist oder nicht, bestimmt nicht der Satz an sich, sondern welche Konsequenz er für den betreffenden Menschen hat. Es gibt verschiedene Arten von Glaubenssätzen. Sie können einschränkend (»Ich kann das nicht.«, »Ich darf das nicht«) oder unterstützend (»Bisher habe ich immer alles geschafft«) sein, die Ursache und Wirkung erklären (»Weil du mich nicht liebst, rufst du mich nicht an«), aus einer Überzeugung resultieren (»Wenn mich jemand nicht mag, muss das an mir liegen«) oder das eigene Selbstbild (Identität) erklären (»Ich bin dafür zu alt«, »Ich bin einfach ungeschickt«).

Glaubensätze erkennt man an der Sprache. Sie beinhalten oft Worte wie »müssen«, »(nicht) dürfen«, »sollen« oder »können«. Solche Sätze geben uns Menschen Stabilität, Bestätigung und Sicherheit. Die Basis unseres Glaubenssatzes ist meist tief im Unbewussten verborgen und steuert latent unser Verhalten. Daher haben Glaubenssätze die Tendenz, sich selbst zu bestätigen. Sie sind unbewusste Lebensregeln und plausible Erklärungskonstrukte, die wir für wahr halten. Sie bestätigen uns das Selbstbild, das wir im Laufe unseres Lebens von uns aufgebaut haben. Sie haben unsere persönliche Entwicklung unterstützt und tun es weiter. Sie schützen uns vor Gefahren, die uns tief in unserem limbischen System Unsicherheit bereiten und damit unseren gesamten Organismus »stressen«.

Wir stellen mit ihnen individuelle Theorien auf, warum etwas so und nicht anders ist. Das Ergebnis machen wir zur Grundlage unseres alltäglichen Handelns und lassen zu, dass sie unser Verhalten steuern. Unsere Glaubenssätze bestimmen, wie wir unsere Fähigkeiten einsetzen. Sie beeinflussen, was wir denken, was wir wahrnehmen und was wir für möglich halten.

Manche davon sind für unser aktuelles Dasein und unsere Zukunft jedoch sehr hinderlich und schüren unangenehme Emotionen, denen wir mit allen Mitteln versuchen aus dem Weg zu gehen.

BEISPIELE: HINDERLICHE UND SCHÄDLICHE GLAUBENSSÄTZE

Meine Umgebung meint es schlecht mit mir.

Das Schicksal sendet mir kein Glück im Leben.

Früher war alles besser.

Ich bin wertlos und verdiene keinen Erfolg.

Andere können das viel besser als ich.

Wenn ich etwas bekomme, das ich will, verliere ich etwas anderes dafür.

Wenn ich an mich denke, muss ein anderer dafür büßen.

Glaubenssätze zu verändern ist nicht so einfach, wie es uns oftmals suggeriert wird. Wie das Wort »Glauben« schon andeutet, sind wir davon, wenn auch manchmal nur unbewusst, überzeugt. Und daran lässt sich mit Selbstsuggestion oder zielführenden Fragen nichts ändern. Erst wenn wir uns selbst »glauben« können, dass es auch anders sein könnte, lassen die negativen Beeinflussungen dieser Glaubenssätze nach. Das heißt jedoch nicht, dass es nicht wirkungsvoll ist, sich mit seinen Glaubensätzen zu beschäftigen. Für ein erfolgreiches Stressmanagement ist die Beschäftigung mit den Glaubenssätzen deshalb so wichtig, weil sie wie ein Filter auf unsere Wahrnehmung wirken.

BEISPIEL

Glaube ich fest an mich und meine Fähigkeit, mit neuen unbekannten Situationen umgehen zu können und immer irgendwie einen Weg zu finden, dann ist die Beurteilung der Stressoren eine ganz andere, als wenn ich davon überzeugt bin, dass ich wieder scheitern könnte.

Glaubenssätze sind nicht in Stein gemeißelt. Glaubenssätze sind veränderbar. Bewusste Umgestaltung führt dazu, bisherige Verhaltensmuster zu durchbrechen und Situationen neu zu erleben. Mit diesen Erfahrungen verändern sich die eigenen Glaubenssätze. Das Schwierigste ist jedoch der erste Schritt: den eigenen tief verborgenen Glaubenssätzen auf die Spur zu kommen.

Reflexion: Den eigenen Glaubenssätzen auf die Spur kommen

Nehmen Sie sich Zeit und Ruhe und beantworten Sie auf einem Blatt Papier die folgenden Fragen:

- Welche Vorbilder hatten Sie in Ihrem Leben?
- Was haben diese Menschen geglaubt? Was war ihnen wichtig?
- In welchem sozialen Umfeld sind Sie aufgewachsen und groß geworden? Mit welchen Aussagen, Urteilen oder Idealen haben Ihre Eltern und engen Bezugspersonen Ihr Heranwachsen begleitet?
- Welche Erfahrungen haben Sie bisher gesammelt? Sind Sie ausgelacht worden oder hat man Ihre Meinung geschätzt? Waren Sie immer mittendrin oder eher Außenseiter? Haben Sie sich leichtgetan oder um jeden Erfolg kämpfen müssen? Wurden Sie gelobt oder galt das Prinzip »Keine Kritik ist Lob genug«?
- Welche Selbstsuggestionen nutzten Sie bisher? Beispiele: »Das wird nie was«, »Könnte zu viel sein«, »Ich bin zu untalentiert«, »Ich bin so ungeschickt«.
- Welche Glaubenssätze bemerken Sie heute noch an sich selbst? Was denken Sie über das Leben, Ihre Identität, Ihre Karriere, Arbeit, Geld, Liebe etc.?
- Was würden Ihnen Freunde, Partner und Kollegen erzählen, wenn Sie sie fragten, welche für Sie typischen Glaubenssätze sie im Laufe der gemeinsamen Zeit und Zusammenarbeit festgestellt haben? Befragen Sie die Betreffenden dazu.

Betrachten Sie diese Liste mit Ihren Glaubenssätzen regelmäßig und ergänzen Sie sie gegebenenfalls um weitere. Es geht nicht darum, Ihre Glaubenssätze strikt zu ändern oder »aus dem Kopf zu streichen«. Entscheidend ist, dass Sie in entsprechenden Situationen daran denken und für einen kurzen Moment innehalten. Fragen Sie sich: »Ist das wirklich so, entspricht das der Realität?«, »Ist das logisch?«, »Muss ich so denken, fühlen oder handeln?«, »Wie wäre es, es einfach mal ganz anders zu machen?«

Probieren Sie es selbst aus. Begeben Sie sich, wenn Sie Ihren Glaubenssatz leben, denken oder sagen, für einen Augenblick in die Beobachterrolle und notieren Sie sich alles, was Ihnen aus dieser Perspektive heraus einfällt. Das öffnet den Wahrnehmungsraum und schafft Platz dafür, neue Erfahrungen zu machen. Dabei ist es noch nicht wichtig, gezielte Veränderungen vorzunehmen. Das Stoppen der unbewussten Verhaltensstrategie ist bereits ein großer Schritt.

Negative Verstärker identifizieren

Stressauslösende Faktoren begegnen uns tagtäglich. Sie sind aus unserem Leben nicht wegzudenken. Es wäre unsinnig zu versuchen, ein Leben völlig frei von Stress zu führen, und alles, was belastet, von sich »wegzuschieben«. Denn »Stress« ist eine natürliche Form von Belastung, wie wir im Kapitel »Warum Stress nicht immer gleich schlecht ist« verdeutlicht haben. Anforderungen gerecht zu werden, sie zu bewältigen, ist eine Grundvoraussetzung für unser Leben.

Besonders deutlich wird das an unserem Körper. Er braucht Belastung, um überhaupt gesund zu bleiben. So würden sich z. B. unsere Muskeln vollständig abbauen, wenn wir sie nicht tagtäglich beanspruchten. Durch Sport werden an unsere Muskeln höhere Anforderungen gestellt. Wenn sie fähig sind, diesem gezielten Druck gerecht zu werden, werden sie stärker. Negativer Druck wiederum überbeansprucht die Muskeln, was zu einem spürbaren Effekt führt: dem bewegungseinschränkenden Muskelkater oder gar der Muskelübermüdung.

Auch unser Geist braucht Herausforderungen. Hätte unser Gehirn keinerlei Anforderungen zu bewältigen, würde es uns schnell langweilig. Eine Unterforderung erzeugt Distress und führt langfristig zu den gleichen negativen Symptomen wie zu viel Belastung. Es ist neurobiologisch erwiesen, dass die Ratio gefordert werden will, um sich aufzubauen. Gedächtnistraining zum Erhalt der kognitiven Fähigkeiten ist ein bekanntes Beispiel dafür.

Kurzum: Stress im Sinne von »Anforderungen« ist für den Menschen lebensnotwendig.

Stressverstärker, die aus unserem Inneren kommen

Was aber, wenn der Stress sich zum Distress entwickelt? Wie das passiert, schauen wir uns hier einmal genauer an. Das Erstaunliche: Oft sind es nicht die äußeren Stressauslöser, sondern unsere inneren Verstärker, welche die alltäglichen Beschwerlichkeiten erst zum Distress machen.

Innere Stressverstärker sind nicht etwa Theorie, sondern können in der modernen Hirnforschung durch bildgebende Verfahren im Gehirn genau nachvollzogen werden. Sie wirken besonders stark, wenn wir uns machtlos fühlen oder unfähig, alternative Handlungsoptionen wahrzunehmen. Sie gehen einher mit Emotionen wie Enttäuschung, Demütigung, Hilflosigkeit, Hoffnungslosigkeit, Angst und Scham. Das Fatale an ihnen: Sie erzeugen eine innere Stressreaktions-Spirale, die auf Körper, Geist und Verhalten wirkt.

Diese innere Stressspirale ist auch die Ursache dafür, dass erlerntes Verhalten, so z. B. zur Stressbewältigung, nur bedingt wirksam wird. Denn ab einer bestimmten Stresshormonkonzentration im Blut werden die inneren Stressreaktionen unkontrollierbar. Es kommt zu den sog. limbischen Blockaden.

Innere Stressauslöser werden in der Fachsprache als »innere Antreiber«, »innere Stimmen bzw. Gedanken« oder »innere Ansprüche« bezeichnet. Die »inneren Stimmen« melden sich in ganz unterschiedlicher Weise zu Wort: als ein »irgendwie ungutes« Gefühl, als (Ver-)Stimmung, als ein »sich aufdrängender« Gedanke, als Körpersignal oder eine Krankheit (z. B. Kopfschmerzen) oder als Impulse (»Bloß weg hier!«) usw. Es sind energiegeladene seelische Einheiten, die ein Anliegen enthalten und sich bei bestimmten Anlässen melden und inneren Raum einnehmen. Stimmen, die etwas zu sagen haben oder auch durch Handlungsimpulse direkt »in Aktion treten«.

Auch überzogen gelebte Werte (Aufopferung, Überkorrektheit etc.) gehören zu den inneren Stressauslösern. Sie lassen sich nicht über die Sprache erreichen. Hier bedarf es anderer Werkzeuge, um etablierte Reaktionsschemata zu unterbrechen.

Hinweis für die kommenden Übungen: Der Sinn hinter allen Übungen ist das Verstehen, nicht die Veränderung.

Nach modernsten, wissenschaftlichen Erkenntnissen wirkt es sofort entstressend, wenn Klarheit, ein Verstehen, geschaffen ist. Eine gezielte Veränderung muss zunächst gar nicht erfolgen. Das menschliche Gehirn reagiert auf Unklarheit automatisch mit Stresshormonen. Unklarheit bedeutet, nicht zu wissen, was passiert. Darin könnte eine Gefahr lauern und dieser muss bereits im Vorfeld schützend begegnet werden. Woher die vermeintliche Gefahr kommt, ist dabei unerheblich.

Stellen Sie sich vor, Sie sitzen im Auto und während der Fahrt verdichtet sich plötzlich der Nebel derart, dass Sie nur noch Ihr eigenes Fahrzeug wahrnehmen können. Sie fühlen sich unsicher ... Stellen Sie sich vor, Sie betreten einen unbekannten Raum und es ist stockdunkel. Sie fühlen sich unsicher ... Beide Situationen führen im Körper zu einer massiven Ausschüttung von Stresshormonen. Für das Gehirn ist es dabei unerheblich, ob es sich um eindeutig wahrnehmbare Dinge oder nicht wahrnehmbare Verhaltensmuster handelt.

Werte

Positive Werte stehen hinter den Dingen, die uns wichtig sind. Werte bilden innere Bewertungsmaßstäbe. Sie sind innere Überzeugungen und Einstellungen, die unsere Kommunikation und unser Handeln wesentlich beeinflussen. Sie bilden wichtige Aspekte des Charakters eines Menschen. Dabei gibt es kein »richtig« oder »falsch«. Verinnerlichte Werte sind subjektive Erfahrungswelten, die sich von klein auf lebenslang entwickeln und verändern können.

Besonders kräftezehrend ist es, wenn Situationen gegen unsere persönlichen Werte verstoßen, so z. B. wenn jemand, für den der Wert »Familie« ganz hoch angesiedelt ist, von seinem Arbeitgeber dazu gedrängt wird, während der Woche in einer anderen Stadt zu arbeiten, oder wenn er ein neues Produkt verkaufen soll, das dem eigenen Anspruch an Ökologie vollkommen widerspricht. In solchen Fällen steht der individuelle Wahrnehmungsfilter geradezu unter Hochspannung. Auslöser, völlig unabhängig welche, werden dann viel eher als gefährlich und nicht bewältigbar eingestuft. Das Stressreaktionsschema beginnt.

Wer seine Werte und die seiner Mitmenschen kennt, versteht Probleme und zwischenmenschliche Konflikte besser und kann sie sich erklären. Das Wissen um Werte hilft, Entscheidungen zu treffen, aber auch herauszufinden, wo die eigenen Ressourcen liegen. Bewusst gemachte Werte und eventuell sogar Wertekonflikte unterstützen uns im Erreichen unserer Ziele und helfen, Stressoren anders »zu bewerten«.

Reflexion: Was sind Ihre Werte?

Welche Werte haben Sie? Um sich Ihren wichtigsten Werten zu nähern, gibt es unterschiedliche Ansätze.

- Überlegen Sie, was Ihnen besonders wichtig ist in Ihrem Leben (Partnerschaft, beruflicher Erfolg, Anerkennung, Glaube, Gemeinschaft, Freiheit etc.).
- Überlegen Sie sich, welche positiven Eigenschaften Ihnen bei anderen Menschen besonders wichtig sind.
- Überlegen Sie, welches Verhalten Sie als besonders unangenehm empfinden, um im Umkehrschluss die Ihnen wichtigen Werte zu identifizieren.
- Oder Sie nutzen eine Werteliste, um Ihre Werte zu selektieren.

Ihre Werteliste

Sehen Sie sich die folgende Liste mit 80 Werten an. Stellen Sie fest, dass dort Werte fehlen, die Ihnen wichtig sind, ergänzen Sie die Liste entsprechend. Um zu ermitteln, welche Werte Ihnen momentan am wichtigsten sind, gehen Sie folgendermaßen vor:

Streichen Sie zunächst 20 Werte weg, die in Ihren Augen nicht relevant sind. Verfahren Sie mit 20 weiteren genauso und dann ebenso mit noch einmal 20 Werten.

Es bleiben nun 20 Werte übrig. Von diesen streichen Sie 10 Werte weg, die weniger relevant für Sie sind. Bringen Sie diese verbleibenden zehn in eine Reihenfolge: 1 bedeutet am wichtigsten.

Werte			
Familie	Lernen	Vielfalt	Zuverlässigkeit
Glück	Gesundheit	Charme	Kontrolle
Flexibilität	Spiritualität	Harmonie	Einfühlungsvermögen
Aufrichtigkeit	Offenheit	Wachstum (wachsen wollen)	Freundlichkeit
Durchsetzungsvermögen	Disziplin	Präsenz	Sicherheit
Aufgeschlossenheit	Dankbarkeit	Zufriedenheit	Herausforderung
Distanz	Coolness	Unabhängigkeit	Lebenslust
Geborgenheit	Leistungsfähigkeit	Widerstandsfähigkeit	Entschlossenheit
Abwechslung	Ehrfurcht	Fitness	Kreativität
Wertschätzung	Tradition	Begeisterung	Enthusiasmus
Überlegenheit	Ehrgeiz	Fairness	Genügsamkeit
Beherrschung	Freiheit	Treue	Ehrlichkeit
Macht	Eigenständigkeit	Respekt	Qualität
Anstand	Klarheit	Loyalität	Höflichkeit
Gerechtigkeit	Vertrauen	Wohlstand	Fleiß
Zusammengehörigkeit	Stärke	Anerkennung	Perfektion
Entspannung	Erfolg	Menschlichkeit	Verständnis
Authentizität	Pflichtbewusstsein	Selbstbeherrschung	Nähe
Bescheidenheit	Ordnung	Verantwortungsbewusstsein	Gelassenheit
Ruhe	Freude	Toleranz	Achtsamkeit

Meine 10 wichtigsten Werte sind aktuell:

Meine wichtigsten Werte	
1.____________	6.____________
2.____________	7. ____________
3.____________	8. ____________
4.____________	9. ____________
5.____________	10. ____________

Übertriebene eigene Werte

Wenn die eigenen Werte übertrieben werden, dann wirken diese im limbischen System stark stressaktivierend.

BEISPIEL

Sigfried ist 55 Jahre alt und nun schon fast sein ganzes Leben im selben Unternehmen tätig. Er legt viel Wert auf ein harmonisches Miteinander und wird wegen seiner Hilfsbereitschaft von allen Kollegen sehr geschätzt. Bisher hat er sich in der Firma sehr wohlgefühlt, doch das ist seit der Umstellung auf die neuen Maschinen und Arbeitsabläufe anders geworden: Es fällt ihm schwer, sich auf die neue Technik einzustellen. Er fühlt sich seit geraumer Zeit sehr gestresst, achtet jedoch darauf, dass seine Kollegen das nicht erfahren. Dem zunehmenden Unfrieden im Team zwischen »alten Hasen« und jungen neuen Kollegen im Team begegnet er mit zusätzlichen Entlastungsangeboten, obwohl er selbst an seiner Grenze ist. Dennoch verschlechtert sich die Situation immer weiter. Die Stimmung wird auch ihm gegenüber immer aggressiver. Zwei seiner jungen Kollegen wollen gar nicht mehr mit ihm reden. Seine Teamkollegen sind genervt, weil er sich überall einmischt und ihnen zum Teil sogar die Arbeit einfach aus der Hand nimmt. Seine jungen Kollegen fühlen sich bevormundet, so manch anderer nutzt seine Fürsorge aus und lässt ihn die ganze Arbeit machen. Sigfried weiß sich nicht mehr zu helfen und er kann auch nicht mehr.

Sigfried hat seine Hilfsbereitschaft – an sich ja eine gute Eigenschaft –, bedingt durch die stressige Situation an seinem Arbeitsplatz unbewusst übertrieben.

Werte müssen in einem Spannungsverhältnis zu positiven Gegenwerten stehen, um zu verhindern, dass der Wert nicht in seine ent-wertende Übertreibung verfällt. Diese Erkenntnis hat der Psychologe und Kommunikationswissenschaftler Schulz von Thun mit einem Wertequadrat veranschaulicht.

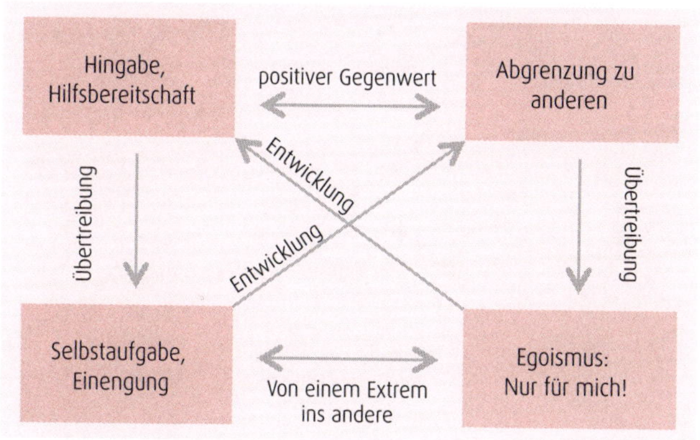

Wertequadrat für das Beispiel »Sigfried«

In unserem Beispiel hat es Sigfried mit seiner Hilfsbereitschaft übertrieben.

Der positive Gegenwert ist die Abgrenzung, also das Streben danach, auch für sich zu sorgen. Diesen Wert hat Sigfried durch die stressige Situation gänzlich vernachlässigt. So löste sich das gesunde Spannungsverhältnis und der Wert kippte in die Übertreibung: Sigfried arbeitete bis zur Selbstaufgabe und engte andere Kollegen damit ein.

Welcher Wert ist Ihnen sehr wichtig? Zeichnen Sie ihn und seinen Gegenwert ebenfalls ein Wertequadrat. Nehmen Sie sich als Unterstützung Ihre Wertehierarchie zur Hand.

Hier ein paar Beispiele von Wertequadraten:

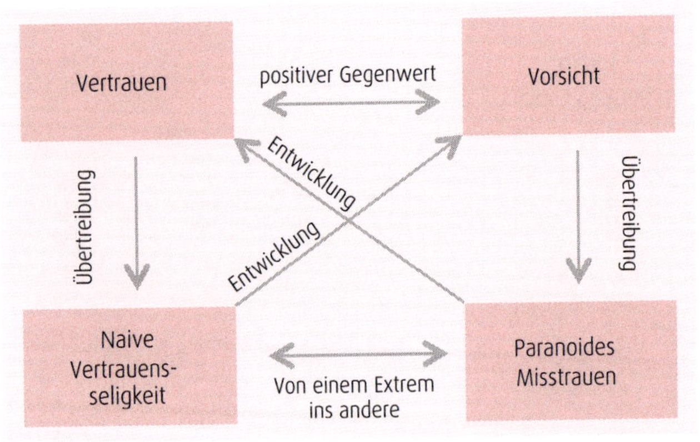

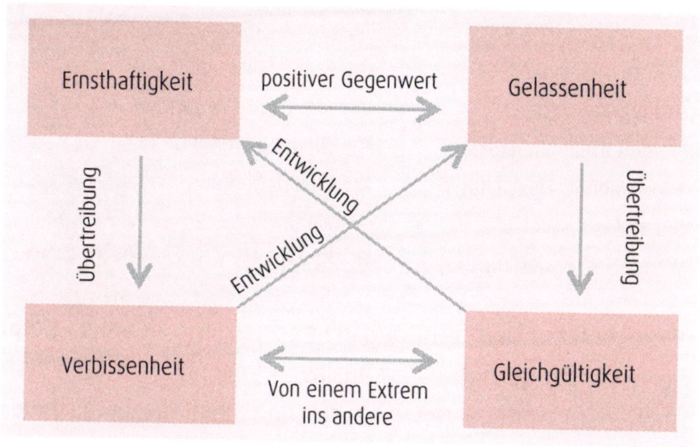

FORTSETZUNG DES BEISPIELS

Sigfried wird bewusst, dass er seine für ihn so wichtige Hilfsbereitschaft übertrieben ausgelebt hat und dabei selbst viel zu kurz gekommen ist. In Situationen, in denen ihm auffällt, dass sich seine Hilfsbereitschaft meldet, hält er jetzt immer für einen Moment inne und atmet ein paar Augenblicke tief durch. Dabei stellt er sich die Frage: »Ist das, was gerade passiert, richtig? Wie geht es mir selbst? Ist hier Hilfe wirklich angebracht?«

Er ist auch weiterhin ein hilfsbereiter Kollege, aber seit er sich selbst etwas ausbremst, geht es ihm und seinen Kollegen wieder besser. Die Arbeitsatmosphäre ist zur Freude von Siegfried wieder viel harmonischer geworden.

Wertekonflikte

Auch die sog. Wertekonflikte wirken stressaktivierend. Im täglichen Leben bekommen wir oft mit ihnen zu tun. Das passiert in Situationen, in denen wir denken, uns zwischen zwei Werten entscheiden zu müssen. Beispiele hierfür können sein:

Wertekonflikte: Beispiele		
Aktion, Geselligkeit	⇔	Ruhe, Stille, Alleinsein
Pflichtbewusstsein	⇔	Mal alle fünfe gerade sein lassen
Freiheit, Unabhängigkeit	⇔	Bindung, Verbindlichkeit
Spontaneität, Flexibilität	⇔	Zielorientierung
Distanz	⇔	Nähe
Wandel, Veränderung	⇔	Stabilität

Wertekonflikte sind nicht negativ besetzt. Im Gegenteil. Denn wenn es uns gelingt, einen positiven Spannungszustand zwischen den Wertepaaren herzustellen, dient dieser auch als Antrieb oder Energiequelle. Das verdeutlicht auch das Wertequadrat, das Sie oben kennengelernt haben. Es geht also nicht darum, sich zwischen den Werten, die uns wichtig sind, zu entscheiden, sondern sie beide ausgeglichen zu leben.

BEISPIEL

Johanna hat ein starkes Pflichtbewusstsein, doch sie sehnt sich danach, einfach mal alle fünfe gerade sein zu lassen. Aber genau dies erlaubt sie sich nicht, da ihr Pflichtbewusstsein sie stets daran erinnert, was noch gemacht werden muss. Mit der Zeit setzt dieser innere Konflikt ihrer eigenen Werte sie immer mehr unter Druck. Sie fühlt sich gestresst, obwohl sie an sich sowohl mit ihrem Job als auch mit ihrem Privatleben sehr zufrieden ist. Hier wird der Wert »Pflichtbewusstsein« übertrieben und das eigene tiefe Bedürfnis nach Ruhe übergangen.

Stefan liebt seine Frau und seine Kinder und würde alles für sie tun. Dennoch spürt er innerlich manchmal ein »Genervtsein«: Er will dann frei und unabhängig den Dingen nachgehen, die ihm gerade Spaß machen würden, z. B. mit seinen Freunden zum Angeln fahren. Doch kaum denkt er so, kommen sofort Schuldgefühle gegenüber seiner Familie und ein Schamgefühl auf, überhaupt »so zu denken«. Die Folge: Stefan fühlt sich schlecht und hin- und hergerissen.

Werte sind ganz individuell und je nach Lebensphase wichtiger oder weniger wichtig. Aber manche bleiben beständig bestehen. Werden sie zu lange untergraben und nicht erfüllt, führt dies zu Stressempfinden.

Reflexionsübung: Ihre Wertekonflikte

Führen Sie sich die zehn wichtigsten Werte in Ihrem Leben noch einmal vor Augen, die Sie weiter oben herausgearbeitet haben.
Überlegen Sie:

- Finden Sie diese Werte in Ihrem aktiven Leben wieder? Leben Sie diese Werte?
- Oder können Sie sie nur eingeschränkt leben, weil sie sich mit anderen Werten widersprechen?

Stellen Sie miteinander konkurrierende Werte dar und überlegen Sie sich, was passieren würde, wenn Sie einen davon (extrem) vernachlässigen.

Ein Beispiel: Kathrin sind ihre körperliche Fitness und ihre Gesundheit sehr wichtig. Sie hat jedoch wegen eines anstrengenden Projekts seit Monaten keine Zeit für Sport. Beständig hat sie deswegen ein schlechtes Gewissen und fühlt sich unter Druck. Sie überlegt, welche Konsequenzen es nach sich zieht, wenn sie den einen oder den anderen Wert stärker lebt:

Sport/Ruhephasen	Anerkennung/Erfolg
Konsequenz ⇩	Konsequenz ⇩
Der Druck in der Arbeit wächst; der Stress erhöht sich massiv	Körperliche und geistige Erschöpfung bis hin zu gesundheitlichen Problemen

Sind Sie sich darüber bewusst geworden, welche Folgen eine Entscheidung nur für das eine oder das andere hat, können Sie konstruktiv über mögliche Alternativen nachdenken. Manchmal hilft dann ein Kompromiss, um beide Werte leben zu können und auf diese Weise den Stress erheblich zu reduzieren.

Innere Antreiber

Innere Antreiber sind Verhaltensmuster, die bereits in der Kindheit geprägt werden. Sie wirken unbewusst und sind bis zu einem gewissen Grad hilfreich. Daher gelten sie auch als Leitlinien für ein erfolgreiches Leben. Der Psychologe Taibi Kahler beschrieb bereits 1974 fünf unterschiedliche Strategien, denen Menschen insbesondere unter Stress sozusagen programmiert folgen und die ihnen dabei helfen, das Zusammenleben mit Menschen und ihre eigene Rolle zu meistern. Er nannte diese Strategien die »fünf inneren Antreiber«. Prof. Dr. Kaluza ergänzte diese Antreiber um zwei weitere innere Muster.

Welche Antreiber gibt es in Ihrem Leben? Werden Sie sich darüber bewusst. Auch hier gilt wieder wie bei den Werten: Werden sie übertrieben, werden aus an sich hilfreichen Strategien stressaktivierende Faktoren.

Innere Antreiber	Auswirkungen
»Sei schnell, beeil dich!«	**Stärken**: Hohe Flexibilität, gute Auffassungsgabe, Fähigkeit, sich bietende Chancen sofort zu nutzen
	Grundbedürfnisse: Leistungsstreben, Anerkennung, Selbstwertschutz
»Sei beliebt, mach es allen recht, kümmere dich um andere!«	**Stärken:** Gutes Einfühlungsvermögen, Höflichkeit, Harmonie
	Grundbedürfnisse: Bindung, Zugehörigkeit, Anerkennung
»Sei perfekt, sei genau!«	**Stärken:** Genauigkeit, Blick für das Detail, vorausschauend
	Grundbedürfnisse: Kompetenz, Leistungsstreben, Selbstwerterhöhung
»Sei stark!«	**Stärken:** Hohes Durchsetzungsvermögen, Belastbarkeit, strukturiert und logisch
	Grundbedürfnisse: Autonomie, Selbstbestimmung, Kontrolle
»Streng dich an, halte durch!«	**Stärken:** Begeisterungsfähigkeit, Engagement, hoher Enthusiasmus
	Grundbedürfnisse: Kompetenz, Leistungsstreben, Selbstwertschutz
»Ich kann nicht!«	**Stärken:** Grenzen auslotend, achtet auf sich und andere, nimmt Hilfe positiv an
	Grundbedürfnisse: Lustgewinn/Unlustvermeidung, Wohlbefinden
»Sei vorsichtig!«	**Stärken:** Strukturiert, sehr gutes Risikomanagement, Blick für das Ganze und vorausschauend
	Grundbedürfnisse: Kontrolle, Orientierung, Selbstwertschutz

Machen Sie den Selbsttest, um die Top Ten Ihrer inneren Antreiber herauszufinden. Versetzen Sie sich dazu zunächst in eine bestimmte aktuelle Situation aus dem beruflichen oder privaten Kontext. Sie kann entspannt oder stressig sein, das ist ganz egal. Einzige Bedingung: Sie muss Ihre Zeit und Aufmerksamkeit binden.

Bewerten Sie dann, immer mit dem Augenmerk auf die aktuelle Situation, die folgenden Aussagen. Inwieweit treffen diese auf Sie zu? Tragen Sie die entsprechenden Zahlen in die Tabelle ein.

- 1 = gar nicht
- 2 = größtenteils nicht
- 3 = etwas
- 4 = meist
- 5 = voll und ganz

Test: Innere Antreiber	
1. Es fällt mir schwer, Menschen zu respektieren, die nicht genau sind.	
2. Eine Zukunft, die nicht planbar ist, verunsichert mich.	
3. Es ist mir wichtig, von anderen zu erfahren, ob ich meine Sache gut gemacht habe.	
4. Ich kann Druck (Zeitnot, Termindruck, Qualitäts- oder Quantitätsdruck) schlecht aushalten.	
5. Ich strenge mich an, um meine Ziele zu erreichen.	
6. Ruhe ist für mich Zeitverschwendung.	
7. Wann immer ich eine Arbeit mache, dann mache ich sie gründlich.	

Test: Innere Antreiber	
8. Ich muss ständig daran denken, was alles passieren könnte.	
9. Leute, die herumtrödeln, regen mich auf.	
10. Es ist mir wichtig das zu tun, was andere von mir erwarten.	
11. Ich kümmere mich persönlich auch um nebensächliche Dinge.	
12. Wenn ich eine Aufgabe einmal begonnen habe, führe ich sie auch zu Ende.	
13. Probleme, Schwierigkeiten und Konflikte sind für mich schwer zu ertragen.	
14. Ich liefere eine Arbeit erst ab, wenn ich sie mehrere Male überarbeitet und geprüft habe.	
15. Ich habe eine harte Schale, aber einen weichen Kern, den keiner kennen muss.	
16. Ich kritisiere andere Menschen nur sehr ungern.	
17. Oft denke ich: »Das schaffe ich einfach nicht«.	
18. Es fällt mir schwer, andere ausreden zu lassen.	
19. Es ist mir wichtig, dass alle, die mit mir zu tun haben, sich wohlfühlen.	
20. Ich versuche, die an mich gestellten Erwartungen zu übertreffen.	
21.Für mich gilt die Devise: »Zähne zusammenbeißen und durch!«	
22. Es gibt praktisch nichts, das mich erschüttert.	
23. Ich kann es gar nicht leiden, wenn etwas nicht so läuft, wie ich es geplant habe.	
24. Ich sage oft mehr, als eigentlich nötig wäre.	
25. Es ist wichtig, dass ich alles unter Kontrolle habe.	
26. Von mir hört man oft Worte wie: »genau«, »exakt«, »klar«, »logisch«.	
27. Bei Entscheidungen muss ich mir absolut sicher sein.	
28. Meine Probleme löse ich selbst.	

Test: Innere Antreiber	
29. Ich glaube, dass sich Hartnäckigkeit auszahlt. Ich glaube daran, handle aber manchmal nicht danach.	
30. Ich werde oft meinen Erwartungen nicht gerecht, befürchte zu versagen.	
31. Beim Telefonieren bearbeite ich nebenbei E-Mails.	
32. Meine Wünsche erfülle ich mir schnell.	
33. Es ist mir unverständlich, wie Menschen unbekümmert in den Tag hinein leben können, ich könnte das nicht.	
34. Ich denke oft: »Ich halte das nicht durch«.	
35. Meine Probleme gehen die anderen nichts an.	

Auswertung: Übertragen Sie die Werte zu den jeweiligen Fragen in die folgenden Tabellen und errechnen Sie daraus die Gesamtsumme.

> Die Ergebnisse dieses Tests sind nur Anhaltspunkte und Richtwerte. Viel entscheidender für Ihre persönliche Entwicklung ist das, was Sie und andere an sich beobachten, wenn Sie sich in stressigen Situationen erleben.

Innerer Antreiber: Sei vorsichtig!					
Frage	2	8	23	25	27
Wert					

Gesamtpunkte »Sei vorsichtig«: ____________

Innerer Antreiber: Sei schnell!					
Frage	6	9	18	31	32
Wert					

Gesamtpunkte »Sei schnell«: ____________

Innerer Antreiber: Sei stark!					
Frage	11	15	22	28	35
Wert					

Gesamtpunkte »Sei stark«: ___________

Innerer Antreiber: Sei perfekt!					
Frage	1	7	14	20	26
Wert					

Gesamtpunkte »Sei perfekt«: ___________

Innerer Antreiber Streng dich an!					
Frage	5	12	21	29	33
Wert					

Gesamtpunkte »Streng dich an«: ___________

Innerer Antreiber: Mach es allen recht!					
Frage	3	10	16	19	24
Wert					

Gesamtpunkte »Mach es allen recht«: ___________

Innerer Antreiber: Ich kann nicht!					
Frage	4	13	17	30	34
Wert					

Gesamtpunkte »Ich kann nicht«: ___________

Tragen Sie nun in die folgende Rangliste Ihre Top-Antreiber ein. Beginnen Sie mit dem Antreiber, der den höchsten Punktwert im Test erzielt hat.

1. ______________________________
2. ______________________________
3. ______________________________
4. ______________________________
5. ______________________________
6. ______________________________
7. ______________________________

Diese inneren Antreiber repräsentieren wichtige positive Eigenschaften, die uns dahin gebracht haben, wo wir heute sind: Stärke und Unabhängigkeit, Genauigkeit und Fehlerlosigkeit, Freundlichkeit und Liebenswürdigkeit, Flexibilität und die Fähigkeit, Chancen zu nutzen, Gründlichkeit und Durchhaltevermögen, klare Grenzen setzen und auf sich zu achten sowie Risiken abzuwägen und vorausschauend zu planen.

Doch übertreiben wir sie, werden die positiven Ressourcen entwertet. Dann wirken diese inneren Antreiber eher belastend und engen uns ein. In bestimmten Situationen spielen sie sich als Fundamental-Lebensgrundsätze auf, ohne die man sich nicht mehr okay fühlt. Solche Überzeugungen können sein: »Fehler machen ist schlimm!« – »Zeit darf nie verschwendet werden!« – »Alle müssen mich mögen!« – »Schwächen darf man nie zeigen!« – »Das schaffe ich nicht«.

In all diesen Fällen führen innere Antreiber weder zu Erfolg noch zu Zufriedenheit. Sie sind in ihrer Übertreibung, ihrem Absolutheitsanspruch und in ihrer Ausschließlichkeit nicht zu erfüllen und belasten das Miteinander mit anderen Menschen erheblich.

Eine kritische Auseinandersetzung mit diesen Wirkungen verhindert, dass unbewusst die positive Stärke der inneren Antreiber verlorengeht und sie ins Negative umschlagen. Wenn Sie sich Ihrer Verhaltensmuster bewusst werden, können Sie sich in Stressmomenten willentlich entscheiden, ob Sie dem weiter folgen oder ob Sie Ihr Verhalten situativ gezielt verändern wollen. Mit jeder freien Entscheidung, sich authentisch und bewusst zu verhalten, ohne blind gewohnten Handlungsweisen zu folgen, wächst Ihr Selbstwertgefühl und Ihre Sicherheit.

Umgang mit dem inneren Antreiber »Sei vorsichtig!«

Vorsichtige Menschen tun sich sehr schwer mit Entscheidungen. Wer stark von diesem Antreiber geprägt wird, fühlt sich nie ganz sicher und ist übervorsichtig in seinem Verhalten. Er strengt sich über alle Maßen an und möchte stets die Kontrolle behalten. Er plant alles bis ins Detail und kann es nicht ertragen, wenn äußere Umstände die ausgefeilten Pläne über den Haufen werfen. Unklare Umstände vermeidet er, wo er kann. Um sich selbst vor negativen Folgen, Fehlern und ungewissen Situationen zu schützen, geht er ihnen konsequent aus dem Weg und scheut Risiken ganz bewusst.

Diese selbstauferlegten Beschränkungen führen dazu, dass er im privaten wie im beruflichen Alltag unter den Folgen seiner »Über«-Vorsichtigkeit leidet. Er gerät unter großen Druck, wenn er die Kontrolle verliert. Er fühlt sich schlecht, wenn er anderen absagt, weil ihm die Aufgabe zu unüberschaubar erscheint. Und er muss sich verstecken, wenn Aufgaben vergeben werden, die ihm Angst machen. Letztendlich wird ihm auch die Wertschätzung vorenthalten, die die Mutigen belohnt. Vielmehr muss er oft damit leben, dass ihn seine Umwelt mehr oder minder deutlich wegen seines ängstlichen Verhaltens abwertet.

BEISPIEL

Katharina würde so gerne die Welt kennenlernen. Sie traut sich jedoch nicht. Da sie nicht weiß, was in einem anderen Land auf sie zukommt, ob sie sich zurechtfindet oder sich verständigen kann, meidet sie, trotz ihrer Sehnsucht, das Reisen. Auch beruflich scheut sie das Unbekannte. So hat sie bereits mehrere Beförderungen ausgeschlagen, weil sie nicht abschätzen konnte, was genau auf sie zukommen würde. Diese Unklarheit war für sie stets bedrückender als die Eintönigkeit in ihrer jetzigen Tätigkeit. Dabei hatte sie immer auf die Beförderungen hingearbeitet.

Das ausgewogene Verhältnis zwischen Vorsicht und Mut ist bei Katharina aus den Fugen geraten. Eine gesunde Besonnenheit hat sich zu Ängstlichkeit und Feigheit entwickelt. In solchen Situationen helfen sog. Erlaubersätze. Entwickeln wir für uns solche Sätze, unterstützen sie uns dabei, in kritischen Situationen die Kontrolle zu behalten.

Sie können z. B. so lauten:

- Ich darf mutig Entscheidungen treffen.
- Ich gehe mit Neugierde auf Ungewohntes zu.
- Aus Ungeplantem kann Schönes entstehen.
- Das Ungewisse lässt Raum für Entdeckung.
- Ich darf Fehler machen, weil aus ihnen Gutes entstehen kann.

Damit die Erlaubersätze funktionieren, müssen sie realistisch sowie der aktuellen Situation angemessen sein und dem Betroffenen ein gutes Gefühl geben.

FORTSETZUNG DES BEISPIELS

Katharina erlaubt sich selbst, bei kleinen Begebenheiten etwas mutiger zu sein. Sie entwickelt den Erlaubersatz: »Ich darf ein klein bisschen etwas riskieren«, der ihr gut tut. Sie spricht sich vor ungewissen Situationen damit selbst Mut zu. Zudem erlaubt sie sich, bei kleinen Begebenheiten bewusst etwas Neues, Unsicheres auszuprobieren. Seitdem wächst und wächst ihr Selbstvertrauen; ihr Wirkungskreis wird größer.

Umgang mit dem inneren Antreiber »Sei schnell!«

Menschen mit einer starken Ausprägung dieses inneren Antreibers sind nie im Hier und Jetzt, sondern immer schon einen Schritt weiter. Sie sind voller Dynamik und Hektik. Ruhiges und konzentriertes Arbeiten ist ihnen kaum möglich. Alles muss besonders rasch und sofort erledigt werden, möglichst mehrere Dinge gleichzeitig. Kennzeichnend für die Betreffenden ist ihr Tempo, Multitasking und das Arbeiten unter Zeitdruck und Erfolgszwang.

Hektiker sprechen typischerweise oft abgehackt. Sie verwenden gerne Begriffe, die Hast und Rasanz ausdrücken: schnell, eben mal, kurz, vorankommen. Ihre Gestik vermittelt Ungeduld. Im Beeil-dich-Modus scheint ihr Rhythmus zwischen Anspannung und Entspannung gestört; sie springen von Anspannung zu Anspannung.

Dieses Verhalten löst bei anderen Widerstand aus. Man bekommt leicht das Gefühl, keinen Platz neben dem Hektiker zu haben. Man möchte ihn ausbremsen und anhalten. Schließlich wendet man sich ab (»Ich lasse ihn einfach reden!«) oder man lässt sich selbst von der Hektik anstecken, um nichts zu verpassen. Und das ist auch genau das Thema des Hektikers: Sein Grundgefühl ist es, Wesentliches zu verpassen. Menschen im Sei-schnell-Modus haben Angst, dass eine Gelegenheit oder gar das ganze Leben vorbei ist, bevor ihnen Wichtiges möglich war. Das Erfüllt-Sein wird ersetzt durch Schnell-Sein, Viel-Tun, Aufgeregt-Sein.

Geht es Ihnen auch (manchmal) so? Drücken Sie die Stopptaste! Wenn Sie eine starke Unruhe in sich spüren oder in Hektik geraten, dann sagen Sie innerlich: »STOPP!«. Halten Sie einen Moment inne, atmen Sie tief durch und setzen Sie die Aktivität in einer gemäßigten Geschwindigkeit fort.

> Nehmen Sie sich nicht zu viel vor. Planen Sie Pausenzeiten zum Entspannen in Ihren Terminplan ein und genießen Sie diese freie Zeit.

Auch dem Hektiker helfen Erlaubersätze, um eine positive Entwicklung zu fördern und effizient statt hektisch zu sein:

- Ich kann mich entscheiden, ob und wann ich mich beeile.
- Ich darf mir die Zeit nehmen, die ich brauche.
- Ich darf Pausen machen.
- Ich darf meinen Rhythmus und meine Tagesform berücksichtigen.
- Im Hier und Jetzt findet mein Leben statt.
- Ruhig! Langsam! Nimm dir Zeit! Alles mit der Ruhe!

Umgang mit dem inneren Antreiber »Sei stark!«

Sei-stark-Menschen können außerordentliche Leistungen vollbringen. Sie haben einen Sinn für den kraftvollen Umgang mit Aufgaben und genügend Widerstandskraft und Kampfgeist, um Dinge voranzubringen, auch wenn es schwierig ist. Sie sind selbstständig und unabhängig. Im gestressten Zustand jedoch verbergen sie ihre Gefühle vor anderen, sind zurückhaltend, manchmal sogar stoisch. Sie verstehen es, sich zu beherrschen. Aufgeben kommt für sie nicht infrage. Sie vermitteln nach außen Durchhalte- und Durchsetzungsvermögen, Kontrolle und Haltung. Es fällt ihnen schwer, fremde Hilfe in Anspruch zu nehmen.

Mögliche Hinweise auf diesen Antreiber zeigen sich in der Sprache und Sprechweise der Betreffenden, die ihre scheinbare Unangreifbarkeit dokumentieren. Es scheint, als gingen sie zur eigenen Empfindsamkeit und der anderer auf Distanz. Sie benutzen gerne Worte wie »man« oder entsprechende Ausdrücke, mit denen sie von sich selbst ablenken können: »Solche Situationen bringen einen ganz schön unter Druck!«, »Das freut einen ja dann doch.«. Sie erwecken einen eher angespannten Eindruck, als wollten sie ihre Umgebung im Auge behalten, um jederzeit gegen lauernde Gefahren gewappnet zu sein.

Für die Nähe zu anderen ist selten Platz. Die Sehnsucht nach Entgegenkommen, Vertrauen und Fürsorge bleibt ungestillt. Menschen mit diesem inneren Antreiber tendieren dazu, Sicherheit durch bestimmtes und bestimmendes Auftreten und Kontrolle erreichen zu wollen. Sie vermeiden Situationen, die sie verletzen und von anderen abhängig machen könnten.

Um (wieder) die positiven Eigenschaften des Sei-stark-Antreibers aktivieren zu können, ist es wichtig, die körperlichen Grenzen wahrzunehmen, sie zu tolerieren und nicht zu überschreiten.

- Gönnen Sie Ihrem Körper Pausen.
- Beginnen Sie damit, Aufgaben zu Ihrer Entlastung abzugeben, ohne sich dies als Schwäche auszulegen.
- Erlauben Sie sich, Hilfe von anderen anzunehmen. Erfahren Sie, dass Menschen wertschätzend reagieren, wenn Sie Ihre Gefühle und Bedürfnisse äußern. Bewahren Sie sich dabei das Gefühl, trotz oder gerade wegen der Annahme von Hilfe eine selbstbestimmende, autonome Person zu sein, die sich selbst achtet und von anderen geachtet wird.

Hilfreiche Erlaubersätze könnten sein:

- Wenn ich Gefühle zeige, bin ich stark.
- Gefühle zu zeigen ist erlaubt und ein Zeichen von Stärke.
- Ich darf offen sein und mich zeigen.
- Ich kann um Hilfe bitten, ohne mein Gesicht zu verlieren.

Umgang mit dem inneren Antreiber »Sei perfekt!«

In Perfektionisten schlummern hilfreiche Tugenden. So haben sie z.B. einen sehr ausgeprägten Sinn für Genauigkeit und Qualität und sie sind sehr gewissenhaft. Sie sind in der Regel gut organisiert und können komplexe Zusammenhänge leicht durchschauen und managen.

Im gestressten Zustand erhoffen sie sich über eine fehlerfreie Leistung die Anerkennung, nach der sie sich sehnen. Sie rechtfertigen sich häufig und nehmen Ergänzungen, Kritik usw. gerne vorweg, bevor andere sie äußern können. Da Perfektionisten das unterschwellige Grundgefühl haben, als Person nicht liebenswert zu sein, versuchen sie, statt dem, was sie sind, anzubieten, was sie leisten.

Wer mit Perfektionisten zusammenarbeitet, bekommt leicht den Eindruck, nicht gut genug zu sein. Einer perfekten Leistung ist nun einmal nichts hinzuzufügen. Perfektionisten erfahren deshalb von anderen zwar Respekt und Unterordnung, aber auch Widerspruch und Wettbewerb, die Relativierung ihrer Leistungen und Kritik. Sie erleben oft wenig persönlichen Kontakt, wenig Beziehung und Austausch auf Augenhöhe.

Menschen mit diesem Antreiber geraten immer wieder in Zeitnot, denn sie finden meist kein Ende: Es ist nie gut genug. Neigen Sie zum Perfektionismus, setzen Sie sich am besten für eine Aufgabe ein Zeitlimit, das Sie in jedem Fall einhalten, auch wenn das Ergebnis noch nicht Ihren Anforderungen genügt. Halten Sie dann aus, dass das Ergebnis nicht perfekt ist! Machen Sie sich bewusst, dass es dieses Mal zwar nicht perfekt ist, aber gut genug. Nehmen Sie wahr, dass Sie trotz (oder gerade wegen) des imperfekten Ergebnisses anerkannt und gemocht werden. Freuen Sie sich über die Zeit, die Sie eingespart haben.

Hilfreiche Erlaubersätze können sein:

- Gut ist gut genug!
- Ich bin wertvoll und liebenswert und ich muss mich nicht dauernd beweisen.
- Ich bin vor allem wertvoll durch das, was ich bin.
- Ich darf Fehler machen und aus ihnen lernen.
- Ich entscheide mich immer wieder neu, ob es wirklich perfekt sein muss.

Umgang mit dem inneren Antreiber »Streng dich an!«

Menschen mit dem inneren Antreiber »Streng dich an!« haben ein erstaunliches Durchhalte- und Beharrungsvermögen. Wer sich solchermaßen anstrengt, zeichnet sich durch Pflichtbewusstsein, Fleiß und Einsatz aus.

Die Kehrseite dieses Antreibers ist Leistungsdruck. Erfolge, die nicht auf Anstrengungen basieren, taugen in den Augen der Betreffenden nichts; sie werden nicht als Leistung anerkannt. Seine typische Antwort auf Anerkennung ist: »Das war doch nichts Besonderes!«

Daher bemühen sich Menschen mit diesem Antreiber ständig – und sie erwarten dies auch von anderen. Wenn etwas nicht klappt, strengen sie sich noch mehr an, jedoch mit erheblichen Zweifeln, ob die Bemühungen ausreichen. Entspanntes Genießen, auch nach Erfolgen, ist aus ihrer Sicht Zeitverschwendung. Dabei geht schließlich irgendwann die Freude an der Arbeit verloren. Ständig fühlen sich Menschen mit dem Streng-dich-an-Antreiber von Problemen, Schwierigkeiten oder Krisen bedroht. Mögliche Indizien dafür sind in ihren Redewendungen zu erkennen, wie z. B.: »Ich müsste es versuchen«, »Das ist wirklich sehr schwer!«, »Wenn ich mir Mühe gebe, dann ...«.

Die Betreffenden wählen häufig den anstrengendsten Lösungsweg. Ihr Umfeld gerät dabei selbst in den Sog der Anstrengung. Es reagiert dann entweder mit Hilfsangeboten oder Ungeduld. Alles, was Erleichterungen und Ermunterung bringen könnte, wird jedoch zurückgewiesen oder bleibt auf der Strecke.

Aus der ständigen Sorge, etwas nicht zu schaffen, entsteht die Generalidee: »Ich schaffe es, wenn ich mich sehr anstrenge!« Das kann am Anfang sehr motivieren, kostet dann jedoch unnötig viel Energie und führt über kurz oder lang zu einer permanenten Anspannung.

Was Sie tun können:

- Körperlich können Ihnen Entspannungstechniken helfen, den Unterschied zwischen Spannung und Entspannung zu lernen.
- Beginnen Sie damit, Pausen in Ihren Tagesablauf einzuplanen. Reservieren Sie sich konkrete Zeiten, in denen Sie das Nichtstun genießen und die Seele baumeln lassen.
- Erstellen Sie eine Liste mit Dingen, die Ihnen Spaß machen, und erlauben Sie sich, diese Dinge zu tun.

Mögliche Erlaubersätze:

- Arbeiten darf Spaß machen!
- Ich darf etwas mit Gelassenheit tun und vollenden!
- Auch wenn es leicht geht, ist es wertvoll!
- Ich darf mich immer wieder auch entspannen und Fortschritte genießen!

Umgang mit dem inneren Antreiber »Mach es allen recht!«

Menschen mit diesem Antreiber sind empathisch und verfügen über eine gute soziale Wahrnehmung. Sie können besonders gut auf die Bedürfnisse anderer eingehen und sorgen für ein harmonisches und konstruktives Miteinander.

Sie fühlen sich dafür verantwortlich, dass andere sich wohlfühlen – allerdings vermuten sie häufig nur, was sich ihr Gegenüber eigentlich wünscht. Sie stellen ihre Bedürfnisse hinten an, richten sich danach, was andere erwarten, und kommen dabei selber zu kurz. Sie möchten beliebt sein und anerkannt werden.

Gleichzeitig erwarten sie auch von anderen, dass sie in gleicher Weise Rücksicht auf sie nehmen, ohne dabei jedoch ihre eigenen Bedürfnisse und Wünsche klar und deutlich auszusprechen. So wirken sie eher von Unsicherheit als von einer in sich ruhenden Freundlichkeit bestimmt. Menschen mit diesem Antreiber übernehmen gerne Verantwortung, opfern sich für andere auf, sind verlässlich und verbindlich, bescheiden und loyal. Man erkennt sie an Redewendungen, mit denen sie versuchen, die Wünsche und Erwartungen des Gegenübers zu erkunden oder jedenfalls Anpassung daran zu signalisieren: »Wenn du meinst, dann machen wir es so«, »Wie du willst!«

Sie tendieren dazu, Liebe und Wertschätzung von anderen erreichen und Zurückweisung und Einsamkeit vermeiden zu wollen. Sie lassen dem Adressaten häufig keinen Spielraum, über Distanz zu entscheiden. In Diskussionen kann man ihren Standpunkt nur schwer erahnen. Sie formulieren unscharf, zeigen sich konfliktscheu und suchen nach Ausflüchten. Eine echte Auseinandersetzung mit ihnen fällt schwer.

Was Sie tun können:

Lernen Sie Nein zu sagen. Beginnen Sie damit in einfachen Situationen und gegenüber Menschen, die Ihnen nicht so viel bedeuten. Lehnen Sie einen kleinen Wunsch ab oder eine Mini-Aufgabe. Reflektieren Sie:

- Wie hört sich das Nein an, das Sie beherzt äußern?
- Was passiert, wenn Sie Nein sagen? Wenden sich Ihre Bekannten dann von Ihnen ab? Vermutlich nicht.

Hilfreiche Erlaubersätze können sein:

- Meine Bedürfnisse und Wünsche sind ebenso wichtig wie die der anderen.
- Ich darf so sein, wie ich bin – andere tun es ja auch.
- Ich muss nicht bei allen beliebt sein.
- Ich nehme Rücksicht auf andere Menschen UND auf mich.
- Ich bin okay, auch wenn jemand unzufrieden mit mir ist.

Umgang mit dem inneren Antreiber »Ich kann nicht!«

Menschen mit diesem Antreiber haben ein feines Gespür dafür, was gut für sie ist. Sie sind bedacht auf ihr Wohlbefinden und vermeiden Überforderung, wenn sie nicht unbedingt notwendig ist.

Sie kapitulieren auch vor kleineren Hindernissen, wenn deren Bewältigung geistige oder körperliche Anstrengung erfordert. Lieber gehen sie gleich fragen oder bitten um Unterstützung, statt aufwendig selbst einen eigenen Lösungsweg via Trial and Error zu entwickeln.

Diese auf Bequemlichkeit bedachte Haltung wird aber schnell zum Bumerang, wenn es um das berufliche Weiterkommen oder die Anerkennung im privaten Umfeld geht. Im gestressten Zustand resignieren Betroffene sehr schnell. Sie fühlen sich hilflos, machtlos, sind rasch frustriert und geneigt, eine Opferhaltung einzunehmen. Sie ziehen sich bereits im Vorfeld oder zumindest sehr frühzeitig aus anspruchsvollen Projekten zurück und tun sich schwer damit, Probleme anzugehen und zu bewältigen. Sie fühlen sich hilflos einer Situation ausgeliefert, wenn sie keinen Zugriff auf Unterstützung haben.

Ein neues Umfeld wird anfangs noch gerne unterstützen, aber zunehmend genervt auf Aussagen wie »Ich weiß nicht«, »Ich kann nicht« reagieren. Das führt nach einer gewissen Zeit dazu, dass die Betreffenden gar nicht mehr beauftragt werden mit komplizierteren Aufgaben und dementsprechend auch wenig Wertschätzung erfahren.

Gut wäre es für Menschen mit dem Ich-kann-nicht-Antreiber, regelmäßig ihre Komfortzone zu verlassen und verschiedene Handlungsoptionen zumindest zu durchdenken, bevor sie um Rat fragen. Erfahrungen machen ist eine Möglichkeit, sich (wieder) als selbstwirksam zu erleben.

Hilfreiche Erlaubersätze können sein:

- Ich befreie mich aus meiner Opferhaltung.
- Ich kann Probleme auch aus eigener Kraft lösen.
- Es ist gut für mich, die Komfortzone zu verlassen.
- Ich schaffe es auch alleine.

Aversionen

Das menschliche Verhalten ist darauf ausgerichtet, die eigenen Bedürfnisse zu erfüllen oder das zu vermeiden, wogegen man eine tiefe Abneigung empfindet. Solche Aversionen sind starke Stressverstärker, die unbewusst in uns wirken und unser Verhalten steuern. Das ist auch der Grund, weshalb der Mensch stets seinen Blick auf das richtet, wogegen er starke Ablehnung empfindet.

Ablehnungsaussagen	Mögliche Aversionswerte
»Um Menschen, die über andere lästern, mach ich einen großen Bogen«	Intoleranz, Respektlosigkeit, Überheblichkeit, Verachtung, Engstirnigkeit, Unehrlichkeit
»Unpünktlichkeit ist mir zuwider«	Respektlosigkeit, Geringschätzung, Ignoranz, Machtlosigkeit, Frustration, Disharmonie

BEISPIEL

Markus hat eine tiefe Abneigung gegen Menschen, die Neid und Missgunst empfinden. Entsprechend empfindlich reagiert er auf jedes mögliche Anzeichen dafür und geht – auch in seiner Abteilung – konsequent dagegen an. Erst kürzlich hatte er folgende Situation: Ein neuer Mitarbeiter in einem großen Projektteam hatte sich mit neuen innovativen Ideen eingebracht. Statt jedoch diese, seines Erachtens zum Teil sehr guten Veränderungsvorschläge aufzugreifen, begannen zwei andere Teammitglieder, sich massiv dagegen zu wehren, und zwar indem sie den neuen Kollegen sowohl fachlich als auch persönlich angingen. Markus initiierte Gespräche, um den Konflikt zu lösen. Er verurteilte für sich die beiden erfahrenen Mitarbeiter als missgünstig und neidisch auf den neuen Kollegen. Er initiierte deswegen Gespräche und richtete seine Klärungsversuche gezielt, jedoch erfolglos, danach aus. Ungeachtet seiner Führungsprofessionalität steuerte der tiefe Abneigungswert das Verhalten und die Achtsamkeit von Markus. Vielleicht hatten die erfahrenen Teammitarbeiter ja gute Gründe, bestimmte neue

Vorschläge auf den Prüfstand zu stellen? Doch diese Frage stellte sich Markus nicht. Er wendete seinen Blick ausschließlich auf das, was ihn massiv störte, und richtete seine Aktivität ausschließlich auf die Abwendung dieser Faktoren aus. Er fühlte sich gestresst, genervt und bemerkte, dass diese Angelegenheit ihn weder abschalten noch schlafen ließ. Seine starken Reaktionen konnte er sich nicht erklären.

Sich der eigenen Aversionswerte bewusst zu werden, versetzt uns in die Lage, eigene Verhaltensmuster besser wahrzunehmen, sie auf den Prüfstand zu stellen und bei passender Gelegenheit zu unterbrechen oder leicht zu verändern. Das löst den inneren Druck und führt zu einer inneren Ruhe, die man braucht, um sich auf die eigentlichen Aufgaben zu konzentrieren.

> Es bedeutet nicht, etwas zu akzeptieren, das man selbst mit voller Überzeugung ablehnt.

Reflexion: Was sind Ihre Aversionswerte?

Ergänzen Sie spontan die folgenden Aussagen:

- Ich lehne ... ab.
- Ich bin gegen ... !
- ... ist mir zutiefst zuwider.
- Um Menschen, die ..., mache ich einen großen Bogen.
- ... ist etwas, das ich überhaupt nicht leiden kann.

Leiten Sie daraus diejenigen Aversionswerte ab, die Sie stark belasten:

1. ...
2. ...
3. ...

Reflexion: Was sind Ihre Aversionswerte?

Abgeleitet davon: Was wäre Ihnen wichtig? Was ist es genau, was Sie verletzt und enttäuscht, wenn diese Werte nicht respektiert werden? Was bräuchten Sie stattdessen?

1. ...
2. ...
3. ...

Ungeduld

Unter anderem aufgrund der unzähligen Möglichkeiten, die sich uns bieten, leben wir heutzutage in einem immer schnelleren Rhythmus. Wir beginnen etwas und möchten sofort Ergebnisse sehen, um uns dann einer weiteren interessanten Aufgabe widmen zu können. Sehen wir nicht postwendend die Resultate unserer Bemühungen, werden wir ungeduldig. Wir fühlen uns unruhig und unzufrieden und unter Druck. Wir denken: Erst mit Erreichen des gewünschten Zieles wird sich Ruhe und Zufriedenheit einstellen. Umso bedrückender ist es, wenn das Ziel unerreichbar wirkt oder in weite Ferne rückt.

So sind wir es z. B. gewöhnt und erwarten es schlichtweg, dass sich bald nach der Einnahme eines Medikaments auch eine positive Wirkung einstellt. Diese Erwartung resultiert aus vielen bestätigenden Erfahrungen. Entsprechend wird auch bei anderen medizinischen oder therapeutischen Maßnahmen, z. B. bei klassischen Entspannungsverfahren, eine schnell spürbare Wirkung erwartet. Stellt sich die Wirkung nicht wie gewohnt wahrnehmbar ein, werden wir ungeduldig. Mit der Ungeduld werden wiederum Stresshormone ausgeschüttet, die ihrerseits die Wirkung des Entspannungsverfahrens neutralisieren. Unsere Erwartung wird letztendlich enttäuscht und wir brechen die Maßnahme ab.

»Geduld« kann man nicht lernen – sie ist die Folge von tief in uns verankerten Bedürfnissen und Erwartungen.

BEISPIEL

Kerstin kann nicht mehr richtig schlafen, fühlt sich ständig müde und erschöpft, ist lustlos und kämpft tagtäglich mit Kopf- und Rückenschmerzen. Ihre Konzentrationsfähigkeit hat massiv nachgelassen. Sie macht sich Sorgen und nimmt deswegen an einem Anti-Stress-Seminar teil. Danach stehen ihre Vorsätze fest:

- für zwei Abende die Woche plant sie Bewegung und Sport,
- täglich will sie Gelegenheiten für Mini-Pausen und Entspannungsübungen nutzen,
- sie will darauf achten, ausreichend zu trinken und nicht mehr nebenbei zu essen.

Nach drei Wochen hat sich an ihren Symptomen immer noch nichts gravierend verändert, obwohl sie sich diszipliniert an den Plan gehalten hat. Sie beobachtet sich sorgfältig und wartet ungeduldig auf Verbesserung.

Die Gefahr, dass Kerstin die begonnenen Maßnahmen wieder abbricht und in gewohnte Handlungsweisen zurückfällt, ist sehr groß. Sie erkennt, dass ihr Ziel – Wohlbefinden, gesunder Schlaf, Schmerzfreiheit und Konzentration – noch in weiter Ferne liegt und ist sich nicht sicher, ob sie es überhaupt erreichen kann. Das frustriert sie. Sie fühlt sich hilflos, enttäuscht und unzufrieden. Und dies hat wiederum zur Folge, dass vermehrt

Stresshormone ausgeschüttet werden. So rückt das große Ziel in noch weitere Ferne.

Richten wir unseren Blick dagegen auf das Naheliegende, die täglichen Bedürfnisse, die kleinen Schritte, stellen sich relativ schnell Erfolgserlebnisse ein. Unsere Geduld wird nicht strapaziert und wir halten eher durch.

FORTSETZUNG DES BEISPIELS

Kerstin verändert ihre Perspektive und konzentriert sich jeweils nur noch auf die Ziele für die kommende Woche und sie notiert sich die Vorsätze für den jeweiligen Tag. Abends ist sie zufrieden, dass sie »heute« die an sich selbst gestellten Aufgaben erfüllt hat. Sie setzt sich selbst nicht mehr unter Druck, Wochen oder Monate oder sogar ein ganzes Leben »durchzuhalten«. Einen Tag die Woche erlaubt sie sich, »faul sein« zu dürfen und nichts Gesundes machen zu »müssen«.

Diese Haltung gibt ihr kurzfristig immer wieder eine innere Zufriedenheit. Mit Erstaunen stellt sie nach ein paar Wochen fest, dass jetzt die Maßnahmen sehr schnell wirken und sie spüren kann, wie ihre Leistungsfähigkeit und Erholung massiv zunimmt.

Eine recht simple Übung mit hoher wissenschaftlich nachgewiesener Wirkung ist der »Erfolgskalender«. Legen Sie sich dafür einen Übersichtskalender (6 oder 12 Monate) zu und halten Sie darin täglich Ihre kleinen Erfolge fest. Verwenden Sie dabei Farben, Symbole oder Emoticons, die für Sie ansprechend sind.

Beispiel für eine Symbol-Agenda	
☼	für eine durchgeführte Entspannungsübung
♣	für Bewegung an der frischen Luft
☺	wenn Sie mit Freunden gelacht haben
✓	wenn Sie Sie mindestens drei effektive Pausen gemacht haben
◷	für mind. 30 Minuten Sport
8	wenn Sie etwas Neues gelernt haben.

Mit der Zeit füllt sich Ihr Kalender. Ihr limbisches System speichert die Bilder und Symbole und quittiert diesen Erfolg mit Emotionen wie z.B. Stolz, Zufriedenheit, Dankbarkeit und innerer Ruhe. Sie werden feststellen, dass an manchen Tagen der »innere Schweinehund« alleine deswegen überwunden wird, weil Sie sich unbedingt noch das Symbol im Kalender eintragen wollen. So füllen sich die Wochen, Monate und das ganze Jahr mit abwechslungsreich gestalteten Stressbewältigungs- und Erholungskompetenzen.

Auf einen Blick: Raus aus der Stress-Spirale

- Eine Wunderwaffe oder ein Allheilmittel gegen negativen Stress gibt es nicht. Das liegt daran, dass er komplex empfunden wird und komplexe Auswirkungen hat. Der Weg aus der Stress-Spirale führt daher über ein ganzes Paket an Maßnahmen.
- Dieser Weg wird leichter, wenn wir ein attraktives, realistisches und messbares Ziel vor Augen haben, wie wir unseren Stress bewältigen wollen.
- Wer künftig stressfreier leben möchte, sollte sich intensiv mit sich selbst beschäftigen, mit seinen Glaubenssätzen und persönlichen Stressverstärkern, wie z. B. inneren Antreibern, der eigenen Ungeduld und Werten. Denn in diesen Faktoren liegt oft die Ursache für Stress.

Strategien für ein entspanntes Leben

Um unserem Körper und Geist die so dringend benötigte Erholung zu schenken, braucht es mehr als die allwöchentliche Jogging- oder Walkingrunde. Schnüren Sie am besten ein Paket an Maßnahmen, damit das Projekt »entspannteres Leben« ein voller Erfolg wird.

In diesem Kapitel erfahren Sie u. a.,

- dass man Entspannung durchaus lernen kann,
- welche Hindernisse auf dem Weg zur Erholung lauern,
- wie Sie Stress künftig besser in den Griff bekommen,
- wie Sie kleinere und größere Stressschäden leicht beheben.

Entspannung kann man lernen

Angesichts der heutigen Lebens-, Umwelt- und Arbeitsumstände wird es für den Menschen immer wichtiger, die eigenen Fähigkeiten zur effektiven Erholung und Regeneration auszubauen. Experten sprechen in diesem Zusammenhang von Erholungskompetenz.

Tagtäglich erbringen wir Höchstleistungen und sind 14 Stunden und mehr in privaten und beruflichen Verpflichtungen eingespannt. Dabei sind wir einer ständigen Reizüberflutung ausgesetzt. Bewusste Entspannung findet nur noch nachts statt, wenn wir schlafen. Nur dann kommen auch unsere Sinne zur Ruhe. Allerdings brauchen Körper und Geist regelmäßigere, in den Alltag integrierte Regenerationsphasen, damit wir langfristig ein hohes Leistungsniveau aufrechterhalten und gleichzeitig unsere Gesundheit erhalten können. Nur wirksame Erholungsaktivitäten führen dazu, dass Körper und Geist zur Ruhe kommen. Experten unterscheiden anstrengende (high effort) Erholungsaktivitäten von solchen Aktivitäten, die keine große Anstrengung erfordern (low effort).

Erholungsaktivitäten

Beispiele für High-effort-Erholungsaktivitäten:

- Sporteln im Fitnessstudio
- Radfahren
- Spazierengehen
- Gartenarbeit
- Engagement in Vereinen

Erholungsaktivitäten

- Freundschaften pflegen
- Kulturveranstaltungen besuchen
- Kochen (mit Freunden)
- Tanzen

Beispiele für Low-effort-Erholungsaktivitäten:

- Entspannende Routinetätigkeiten (z. B. Aufräumen, Bügeln)
- Lesen
- Saunagänge
- Baden
- Musizieren
- Genussvoll essen

Anspannung, bis nichts mehr geht …

Im normalen Alltag werden solche erholenden Maßnahmen eher als Zeitverschwendung wahrgenommen. Denn nach unserem allgemeinen Leistungsverständnis sind alle Tätigkeiten, die nicht den eigenen Zielen und Prioritäten dienen, nicht Nutzen bringend und damit überflüssig. Hinzu kommt: Ganz besonders in gestresstem Zustand ist der natürliche körperliche Rhythmus zwischen Anspannung und Entspannung gestört. Entspannung und Stille werden dann als unangenehm empfunden und sind für viele Menschen nur schwer auszuhalten.

Erst die volle Erschöpfung weckt das Bedürfnis »sich auszuruhen«. Dann möchte der Körper aber absolut keine Energie mehr aufwenden, so dass alles, was ein Mindestmaß an Anstrengung und Konzentration erfordert, abgelehnt wird. Die meisten wählen dann die Option »Sofa und Fernsehen«. Sie scheint uns zwar das Ideale für unsere Lustlosigkeit nach einem stressigen Tag zu sein, unterstützt uns aber letztendlich nicht dabei zu regenerieren. Die bewegten Bilder helfen unseren Sinnen nicht zur Ruhe zu kommen – im Gegenteil: sie stimulieren sie.

> Forschungen zeigen, dass diejenigen Sportler, die systematisch Erholungsmaßnahmen in ihren Trainingsplan einbauen, erfolgreicher sind als diejenigen, die ihre Erholung dem Zufall überlassen. Spitzensportler verfügen über so ausgeprägte Erholungskompetenzen, dass es ihnen gelingt, sich sogar während eines Wettkampfs zumindest teilweise zu erholen

Gibt man sich selbst nach einer längeren oder sehr starken Belastungsphase nicht ausreichend Zeit sich zu erholen, potenziert sich das Belastungsempfinden immer weiter. Wer so verfährt, wird in der nächsten Arbeitsphase weniger belastbar sein und eine weit höhere Regenerationszeit brauchen als unter normalen Umständen. Sich erholen bedeutet, den Parasympathikus arbeiten zu lassen. Hierfür ist vor allem entscheidend, ob Sie die richtige Erholungsform für sich nutzen. Nur wenn das geschieht, werden unter anderem Endorphine, Dopamin (verantwortlich für unser Glücksgefühl) und Serotonin (verantwortlich für innere Ruhe, Gelassenheit und Angstdämpfung) ausgeschüttet.

Wie lange eine Erholungsphase dauern muss, hängt, so Eichhorn (2006), von der Art und Dauer der Belastungsphase ab. Regelmäßig 5 bis 10 Minuten bewusste Ruhe- und Entspannungszeiten in den Alltag einzubauen, bringt Energie und vermeidet eine zu hohe Überbelastung am Feierabend.

Wie steht es um Ihre Erholungskompetenz?

Mit der folgenden Reflexionsübung finden Sie heraus, wie es um Ihre Kompetenz zur Entspannung bestellt ist. Kreuzen Sie die zutreffenden Antworten an.

Reflexion: Können Sie sich entspannen?		
Welche Antwort trifft zu?	Ja	Nein
▪ Haben Sie sich in den letzten fünf Tagen mit Freunden getroffen?		
▪ Können Sie auf Anhieb Ihre fünf größten Stärken nennen?		
▪ Haben Sie tägliche Rituale des Aufstehens und Ins-Bett-Gehens?		
▪ Können Sie sich an Ihr letztes Flow-Erlebnis erinnern?		
▪ Checken Sie weniger als zehnmal pro Tag Ihre Mails/Nachrichten?		
▪ Haben Sie in den letzten zwei Tagen mindestens eine halbe Stunde Sport gemacht?		
▪ Nutzen Sie regelmäßig Entspannungstechniken?		
▪ Haben Sie in den letzten zwei Tagen mindestens 30 Minuten lang nichts getan?		
Summen		

Auflösung: Wenn Sie mehr als drei Fragen mit Ja beantworten konnten, haben Sie bereits eine gute Entspannungskompetenz.

Erholungshemmende Faktoren ausschalten

BEISPIEL

Peter schließt vollkommen erschöpft die Bürotür hinter sich und hat nur noch eine Vision vor Augen: das große bequeme Sofa daheim. Die Vorstellung, den Abend darauf zu verbringen, ist ungemein verlockend. Er weiß zwar, dass es ihm gut tun würde, jetzt noch eine Runde zu radeln, und eigentlich wäre heute auch der wöchentliche Bowling-Abend. Aber Peter kann sich weder zu dem einen, noch zu dem anderen aufraffen.

Erholung und Entspannung sind ein natürlicher, körperlicher, geistiger und seelischer Vorgang. Wird dieser Prozess jedoch über einen längeren Zeitraum gestört, bedarf es einer bewussten Steuerung und gezielter Impulse, um ihn wieder in Gang zu bringen. Zu dieser gezielten Steuerung gehören Bewegung, mentale Vorstellungen und Gedankensteuerung, bewusste Atmung, Loslassen und energiebringende Rituale. Auch die Unterstützung des körpereigenen Reparatursystems mit Sauerstoff, gesunder Ernährung, Antioxidantien und Schlaf ist notwendig.

Man muss sich also aufraffen und aktiv werden, um diesen inneren Prozess in Gang zu bringen. Couch-Surfing reicht dazu nicht aus.

Doch jede noch so regenerative Technik bleibt ohne Wirkung, wenn wir dabei die erholungshemmenden Faktoren übersehen. Diese sorgen oftmals dafür, dass es uns nicht mehr möglich ist, Energie in gezielte Erholungsaktivitäten zu stecken. Erholungshemmende Elemente sind sich selbst blockierende Gedanken und Einstellungen, wie z. B. ein hoher Leistungsanspruch, das

Streben nach Perfektion und das Bewerten von Erholungsmaßnahmen als reine Zeitverschwendung. Sie verhindern, dass trotz aller regenerativer Techniken ein spürbarer Erholungseffekt ausbleibt.

Erholungshemmende Faktoren	
▪ Konflikte und Streitigkeiten	▪ Sorgen
▪ Emotionale Belastungen	▪ Fehlende Lösungsperspektiven
▪ Ständige Störungen und Unterbrechungen	▪ Bewegungsmangel
▪ Ungeduld	▪ Die Erwartung, dass die durchgeführte Entspannungstechnik endlich Wirkung zeigt
▪ Fehlende Körperwahrnehmung	▪ Falsche Ernährung (zu viel/zu wenig essen, Fast Food, Diäten)
▪ Rauchen und/oder regelmäßiger Alkoholkonsum	▪ Medikamente für die Behebung von stressbedingten Symptomen (Aufputschmittel, Appetitzügler)
▪ Freizeitstress	▪ Bedingungsloses Durcharbeiten ohne Pausen
▪ Zu wenig Schlaf	▪ Stress nicht wahrnehmen und/oder ignorieren
▪ Sich nichts gönnen, nicht »leben«	▪ Nicht Nein sagen können
▪ »Falsche« Freunde	▪ Entspannung und Genuss immer wieder hinausschieben
▪ Fernsehen	

Haben Sie Faktoren identifiziert, die auch in Ihrem Leben wirken?

Warum Fernsehen keine Erholung ist

Viele empfinden das Fernsehen nach einem stressigen Arbeitstag als besonders angenehm. Die Gedanken werden abgelenkt, der Kopf entspannt und die Ruhe auf dem bequemen Fernsehsessel oder Sofa fühlt sich gut an. Oft stellt sich hier der ersehnte Schlaf viel schneller ein als im Bett. Da das Fernsehen selbst sich im Laufe unseres Lebens als Gewohnheit in unserem Gehirn verankert hat, ist es auch nicht verwunderlich, dass vor der flimmernden Mattscheibe Empfindungen wie Ruhe, Sicherheit und Zufriedenheit in uns aktiviert werden. Jede Gewohnheit hat übrigens diesen Effekt, völlig unabhängig davon, um was es dabei wirklich geht.

Wissenschaftliche Studien haben nachweisen können, dass sich der Fernsehkonsum auf den Frontallappen im Gehirn und die dort verortete individuelle Persönlichkeit und das Sozialverhalten auswirken kann. Der hypnotisierende Effekt des Fernsehens verändert den Zustand in dieser Gehirnregion noch zusätzlich, was zur Folge hat, dass dann nur die rechte Gehirnhälfte aktiviert ist. Die linke Hälfte, das kritische Denkvermögen, wird abgeschaltet. Wir fördern diesen Zustand unbewusst, um am Feierabend mit dem »stressenden Denken« aufzuhören. Allerdings haben die daraufhin »ungefiltert« aufgenommenen Informationen einen hohen Einfluss auf andere Gehirnregionen. Es entstehen Reize, die im limbischen System Emotionen auslösen, die ihrerseits stressen und dem Körper die dringend benötigte innere Erholung entziehen.

BEISPIEL

Emotionen, die uns stressen:

- Entsetzen, Ärger, Frust, Machtlosigkeit: Sie werden uns z.B. durch Nachrichten, Nachrichtenmagazine oder Reportagen vermittelt.
- Schreck, innere Anspannung, Fassungslosigkeit: Krimis, Thriller und Horrorfilme können solche Gefühle in uns auslösen.

Aber auch Komödien können zur inneren Anspannung, Frustration, Neid und wachmachender Energie führen.

Dazu kommt, dass die schnellen Bildschnitte auf das Gehirn wie eine Reizüberflutung wirken – übrigens auch bei geschlossenen Augen. Sie steigern damit langfristig das Gefühl der inneren Unruhe. In Anbetracht all dieser Wirkungen ist das Fernsehen vor der Nachtruhe eine erhebliche negative Beeinträchtigung für einen regenerativen Schlaf.

Besonders negativ: ständiger Zeitdruck

Chronischer Zeitmangel ist nicht nur ein Auslöser für Belastungsreaktionen. Er ist auch ein großes Hindernis für notwendige Entspannungs- und Regenerationsphasen. Viele Faktoren tragen zu dem heute so weit verbreiteten »Keine Zeit«-Syndrom bei.

Reflexion zum Thema Zeit

Überlegen Sie, vielleicht gemeinsam mit Ihrem Partner, wie viel Zeit Sie auf folgende Aspekte in Ihrem Leben verwenden, und zwar ausschließlich für den jeweiligen Punkt im Durchschnitt pro Tag. Tragen Sie die dafür jeweils aufgewendeten Stunden und Minuten in die Tabelle ein. Teilen Sie die Zeiten möglichst detailliert auf die jeweiligen Aspekte auf. Schätzen Sie also genau, wie lange Sie sich wirklich mit dem Partner unterhalten haben, ohne dabei irgendetwas anderes zu tun.

Tätigkeit	**Aufgewendete Zeit**
Arbeit inklusive Fahrtzeit	
Schlaf	
Hygiene	
Essen inklusive der Vorbereitung	
Partner (ohne die Zeiten, die Sie parallel für anderes verwenden)	
Familie (ohne die Zeiten, die Sie parallel für anderes verwenden)	
Kinder (ohne die Zeiten, die Sie parallel für anderes verwenden)	
Hobby	
Garten	
Haus	
Verein	
Freunde	
... (weitere Aspekte)	

Wenn Sie die durchschnittlichen Werte zusammengetragen haben, zeichnen Sie einen Kreis auf Papier. Er symbolisiert einen Tag, also 24 Stunden. Teilen Sie den Kreis je nach zeitlichem Aufwand in unterschiedlich große »Kuchenstücke« und beschriften Sie die Stücke entsprechend. Schauen Sie sich das fertige Tortendiagramm genau an: Wie viele Stunden bleiben am Tag durchschnittlich frei, die aktuell vielleicht mit Fernsehen oder anderen erholungshemmenden Tätigkeiten gefüllt sind?

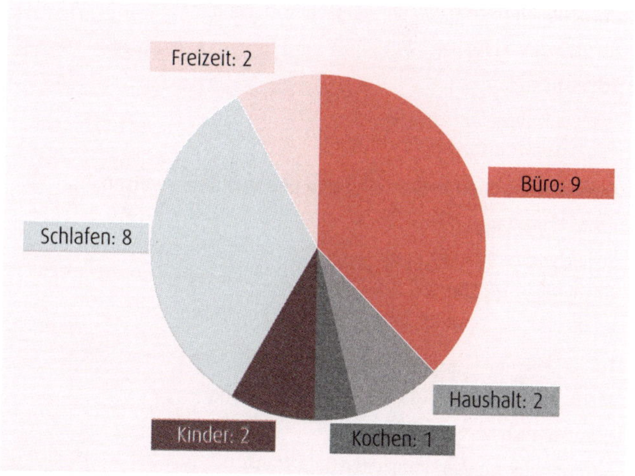

24-Stunden-Kreis: Beispiel

Wann und wo wird Ihnen Zeit »geraubt«? Wodurch und von wem? Von anderen oder gar Ihnen selbst? Mithilfe der folgenden Übersicht können Sie Ihre Zeitfresser identifizieren. Kreuzen Sie die auf Sie zutreffenden Faktoren an.

Übersicht: Ihre Zeitfresser	
Äußere zeitraubende Faktoren	
Stau und Wartezeiten	
Telefongespräche (beruflich oder privat)	
E-Mail- und Informationsflut	
Unorganisierte Meetings	
Schlechter Informationsfluss (so z. B. seitens des Vorgesetzten) und Unklarheiten (so z. B. bei der Aufgabenverteilung)	
Überflüssige Aufgaben	
Schlange stehen	
Unpünktlichkeit von anderen	
...	
Eigene zeitraubende Einstellungen und Verhaltensweisen	
Perfektionsdrang	
Schlechtes Zeitmanagement	
Unangenehmes liegen lassen/aufschieben	
Nicht Nein sagen können	
Fehler durch Multitasking oder Hektik	
Mangelnde Ordnung oder übertriebene Ordnung	
Arbeiten nicht zu Ende führen	
Sich mit unwichtigen Tätigkeiten aufhalten	
Keine Prioritäten setzen	
Alles selbst erledigen wollen, nichts abgeben wollen	
Extremer Ehrgeiz	
...	

Multimodales Stressmanagement: ein Netz, das trägt

Um Stress gar nicht erst entstehen zu lassen bzw. die durch Stress bedingten körperlichen und physischen Reaktionen und Folgen zu bewältigen, haben sich die Programme des sog. Multimodalen Stressmanagements bewährt, das auf 15 Stressbewältigungskompetenzen beruht. Sie setzen auf den unterschiedlichen Ebenen an und können diese gesundheitsförderlich verändern.

Ebene 1: Instrumentelles Stressmanagement

Beim sog. instrumentellen Stressmanagement dreht sich alles um die eigenen Stressauslöser und Stressoren. Es soll diese in akuten Belastungssituationen oder auch präventiv für zukünftige Belastungen reduzieren oder ganz ausschalten. Es geht hier darum, äußere Belastungen und Anforderungen im beruflichen und privaten Bereich zu verändern, soweit wie möglich zu verringern oder sogar ganz abzubauen. Das Ziel besteht darin, den eigenen Alltag stressfreier zu gestalten, um so die Entstehung von Stress möglichst von vornherein zu verhindern.

Wie instrumentelles Stressmanagement funktioniert	
Ressourcen aufbauen	Fachliche Kompetenzen erweitern (Informationen einholen, Fortbildungen, kollegialer Austausch)
	Soziale Kompetenzen erweitern (Kommunikationstechniken, Konfliktbewältigungsstrategien)
Selbstmanagement verbessern	Organisatorische Verbesserungen (Aufgabenverteilung, Ablaufplanung, Ablagesysteme)
	Persönliche (Arbeits-)Organisation optimieren (klare Definition von Prioritäten, realistische Zeitplanung) – sich selbst führen
Sozialkommunikative Kompetenzen entwickeln	Sich und anderen Grenzen setzen, häufiger »Nein«, »Ohne mich«, »Jetzt nicht« sagen
	Klärungsgespräche führen
Soziales Netzwerk aufbauen	Nach Unterstützung suchen
	Gemeinschaft und Zugehörigkeit aufbauen und pflegen
Problemlösekompetenzen entwickeln	▪ Konstruktive Fehlerkultur entwickeln, Fehler als Chance wahrnehmen, ▪ Vergangenheit bewältigen, (sich selbst) vergeben und Destruktives aufarbeiten und abhaken (vergessen)

Ebene 2: Kognitives Stressmanagement

Kognitives Stressmanagement zielt auf eine Änderung von persönlichen Motiven, Einstellungen und Bewertungen. Hier geht es darum, sich selbstkritisch eigener stresserzeugender oder -verschärfender Einstellungen und Bewertungen bewusst zu werden, diese allmählich zu verändern und förderliche Einstellungen und Denkweisen zu entwickeln. Ein weiterer Schwerpunkt liegt darin, die Überzeugung in die eigenen Kompetenzen zu stärken und Realitäten anzunehmen.

Wie kognitives Stressmanagement funktioniert	
Stressverstärker entschärfen	Emotionen wahrnehmen und aushalten, um konstruktiv damit umzugehen
	Innere Antreiber kennen
	Glaubenssätze auf den Prüfstand stellen
	Gewohnheiten durchleuchten
	Eigene Werte und Bedürfnisse kennen
Anforderungen konstruktiv bewerten	Sich mit alltäglichen Aufgaben weniger persönlich identifizieren, mehr innere Distanz wahren
	Sich nicht im alltäglichen Kleinkrieg verlieren, den Blick für das Wesentliche, für das, was einem wirklich wichtig ist, bewahren.
	Schwierigkeiten nicht als Bedrohung, sondern als Herausforderung sehen
Annehmen von Realitäten	Perfektionistische Leistungsansprüche kritisch überprüfen und eigene Leistungsgrenzen akzeptieren lernen
	Aus Fehlern lernen
	Weniger feste Vorstellungen und Erwartungen an andere haben und die Realität akzeptieren
	Sich seiner Schwächen bewusst werden und einen konstruktiven Umgang damit finden
	Sich nicht unabkömmlich fühlen
Überzeugungen in die eigenen Kompetenzen stärken	Sich seiner Stärken bewusst werden
	Sich des Positiven, Erfreulichen, Gelungenen bewusst werden
	Gesunden Egoismus entwickeln

Wie kognitives Stressmanagement funktioniert	
Gedanken wahrnehmen und steuern	Eigene stressverstärkende Gedanken wahrnehmen und verändern – das Grübelkarussell stoppen
	An unangenehmen Gefühlen von Verletzung oder Ärger nicht festkleben, sondern diese loslassen und vergeben lernen
	Dankbarkeit empfinden

Ebene 3: Palliativ-regeneratives Stressmanagement

Nicht alle – äußeren oder inneren – Stressfaktoren können (oder sollen) vermieden, abgebaut oder vermindert werden. Es ist daher unvermeidlich, dass Stressreaktionen immer wieder auftreten. Das sog. palliativ-regenerative Stressmanagement stellt die Regulierung und Kontrolle dieser körperlichen und psychischen Stressreaktionen in den Vordergrund. Dabei geht es in erster Linie darum, körperliche und psychische Erregung zu dämpfen und abzubauen, für regelmäßige Erholung zu sorgen und damit langfristig die eigene Belastbarkeit zu erhalten.

Ein gesundes und stabiles Stressmanagement besteht aus einem ganzen »Netzwerk« eigener Stressbewältigungskompetenzen. Wer sie alle pflegt, bewahrt eine körperliche, geistige und emotionale Ruhe und Leistungsfähigkeit.

> Nur eine Stressbewältigungsmaßnahme reicht nicht aus – auch dann nicht, wenn diese besonders intensiv betrieben wird (z. B. Bewegung und Sport).

Wie palliativ-regeneratives Stressmanagement funktioniert	
Bewusstes Entspannen und Abschalten	Erlernen verschiedener Entspannungsverfahren
	Regelmäßiges Praktizieren einer Entspannungstechnik
	Atemmeditation in den Alltag einbauen
	Tagesablauf mit ausreichend kleinen Pausen zwischendurch
Bewegung und Sport	Regelmäßige Bewegung
	Bewusste Bewegung und Sport im Tageslicht und an der frischen Luft
	Abbau von Stresshormonen durch Ausdauersport
	Aufbau der Skelettmuskulatur
Ernährung, die den Körper nicht stresst	Gesunde, abwechslungsreiche Ernährung
	Verzicht auf zu viele industrielle, chemische Zusatzstoffe
	Aufrechterhaltung essentieller Ernährungsbausteine (Eiweiße, Kohlenhydrate und Fette)
	Ausgewogene Mineral- und Vitalstoffzufuhr
Erholung aktiv gestalten	Aktive Gestaltung von Pausen – auch Mini-Pausen im Alltag
	Aktive Gestaltung der Freizeit
	Ausreichend und gesunder Schlaf
	Pflege außerberuflicher sozialer Kontakte
	Regelmäßiger Ausgleich durch Hobbys und Freizeitaktivitäten
Achtsamkeit und Genießen im Alltag	Lernen, den Alltag und besonders auch die kleinen Dinge zu schätzen
	Achtsamkeitstraining
	Bewusst Momente des Genusses wahrnehmen
	Sich Zeit für sich und seine Empfindungen nehmen
	Genießen, was man gerade tut

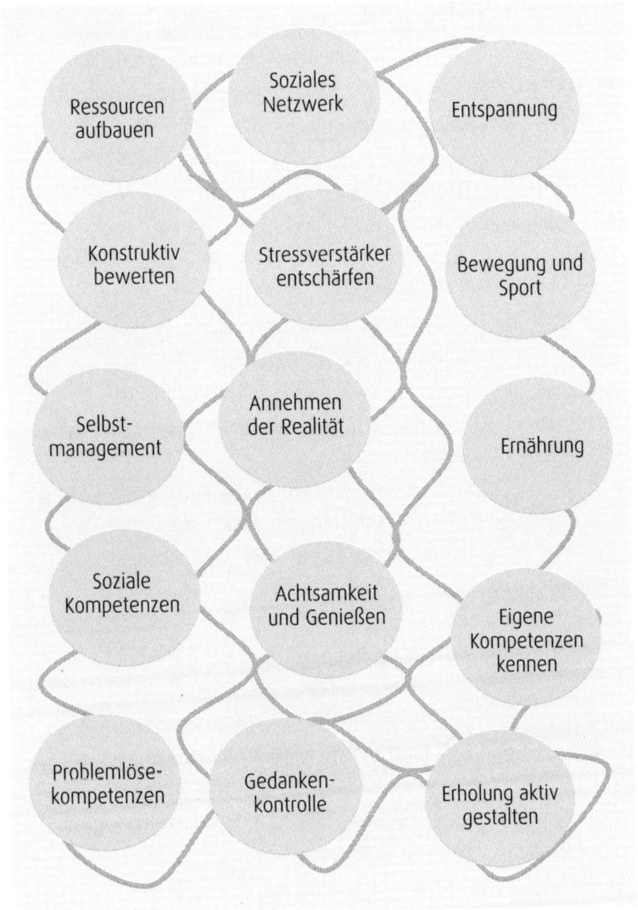

Multimodales Stressmanagement: ein Netz, das trägt

Ihre Stressbewältigungskompetenzen

Wie ausgeprägt sind Ihre Stressbewältigungskompetenzen bereits? Mithilfe der folgenden Reflexion finden Sie es heraus.

Bewerten Sie in der folgenden Tabelle jede einzelne Kompetenz. Wie ausgeprägt ist sie, wenn Sie sie an einer Skala von 1 bis 10 messen?

- Der Wert 1 steht für: »Wende ich gar nicht an«
- Der Wert 10 steht für: »Wende ich viel an und bin sehr gut darin«

Kompetenz	Wert von 1 bis 10
1. Ressourcen aufbauen	
2. Selbstmanagement verbessern	
3. Sozialkommunikative Kompetenzen entwickeln	
4. Soziales Netzwerk aufbauen	
5. Problemlösekompetenzen entwickeln	
6. Stressverstärker entschärfen	
7. Anforderungen konstruktiv bewerten	
8. Annehmen von Realitäten	
9. Überzeugungen in die eigenen Kompetenzen stärken	
10. Gedanken wahrnehmen und steuern	
11. Bewusstes Entspannen und abschalten	
12. Bewegung und Sport	
13. Ernährung, die den Körper nicht stresst	
14. Erholung aktiv gestalten	
15. Achtsamkeit und Genießen im Alltag	

Zeichnen Sie sich ein Rad mit 15 Speichen und beschriften Sie diese mit den einzelnen Stressbewältigungskompetenzen. Die Nabe Ihres Rades ist 1 und der Außenrand zeigt die 10 an. Verbinden Sie nun die Punkte an den einzelnen Speichen. Übertragen Sie die Werte in die passenden Speichen des Rads: Jeder Innenring steht für einen Wert. Malen Sie die passende Anzahl der jeweiligen Innenringe an.

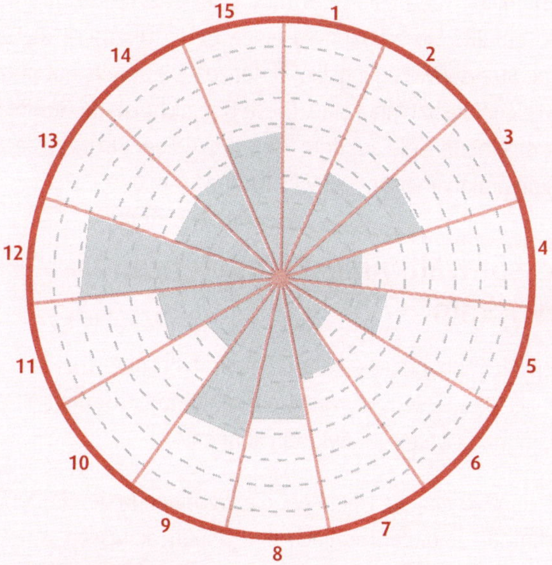

1 Ressourcen aufbauen
2 Selbstmanagement verbessern
3 Sozialkommunikative Kompetenzen entwickeln
4 Soziales Netzwerk aufbauen
5 Problemlösekompetenzen entwickeln
6 Stressverstärker entschärfen
7 Anforderungen konstruktiv bewerten
8 Annehmen von Realitäten
9 Überzeugungen in die eigenen Kompetenzen stärken
10 Gedanken wahrnehmen und steuern
11 Bewusstes Entspannen und abschalten
12 Bewegung und Sport
13 Ernährung, die den Körper nicht stresst
14 Erholung aktiv gestalten
15 Achtsamkeit und Genießen im Alltag

Rad der Stressbewältigungskompetenzen: Beispiel

Wie sieht Ihr Rad aus? Ist es rund oder eher eckig und noch wenig gefüllt? Sie erhalten so einen guten Überblick darüber, welche Stressbewältigungskompetenzen Sie bereits gut nutzen und welche ausbaufähig sind. Diese Übersicht ist die Grundlage dafür, sich neue Ziele auf dem Weg zu weniger Stress zu setzen und konstruktive Lösungsmöglichkeiten zu finden.

Stressbewältigungskompetenzen entwickeln

Haben Sie anhand des Rades Entwicklungspotenzial für sich entdeckt? Hier lesen Sie, wie Sie Ihre Kompetenzen zur Stressbewältigung (weiter-)entwickeln können.

Wir laden Sie ein, die Übungen, die wir Ihnen in den folgenden Abschnitten anbieten, einfach über einen gewissen Zeitraum auszuprobieren. Lassen Sie sich vertrauensvoll darauf ein, dass sich im Laufe der Zeit die Stressachse des Körpers beruhigt und die Regeneration beginnt. Viele Übungen mögen vielleicht »kindisch« auf Sie wirken. Lassen Sie sich auch darauf ein, denn das hat seinen Grund: Die meisten Kinder tun noch instinktiv genau das, was unser gesamtes System und vor allem unsere Steuerungszentrale, das Gehirn, brauchen.

Ganz wichtig: Bei den Übungen geht es nicht ums Gewinnen. Machen Sie sich also frei von Gedanken wie: »Ich muss das besonders gut schaffen.« Dies würde, bedingt durch die erneute Ausschüttung von Stresshormonen, den regenerativen Wert der Maßnahme wieder aufheben.

BEISPIEL

Gabriel spürt die Symptome seiner langfristigen Stresssituation. Er weiß, dass er etwas dagegen tun muss, und hat sich entschieden, mit Sport, genauer gesagt mit Nordic Walking zu beginnen. Nach ein paar Monaten merkt er allmählich, wie gut ihm die regelmäßige Bewegung an der frischen Luft und der gedankliche Abstand zur Arbeit tun. Als die körperlichen Stressauswirkungen nachlassen und er wieder etwas fitter ist, beginnt er mit dem Joggen. Er nutzt zum Protokollieren seiner sportlichen Aktivität einen Fitness-Tracker. Immer öfter vergleicht er sich mit anderen Joggern und entschließt sich, noch schneller und ausdauernder zu werden. Gabriel will etwas erreichen: so gut sein wie anderen. Dabei merkt er nicht: Aus einer Erholungsmaßnahme ist Leistungszwang geworden, der ihn wieder dort hinführt, wo er herkam: in den Stress.

Ressourcen aufbauen

Ressourcen aufbauen bedeutet lernen und sich Wissen anzueignen. Denn Wissen bedeutet Sicherheit: Sicherheit, in dem, was wir tun und was von uns erwartet wird. Je sicherer wir uns darin fühlen, desto besser ist dies für unsere Stressresistenz.

Im beruflichen Kontext heißt »Ressourcen aufbauen«, regelmäßig seine fachlichen Kompetenzen zu prüfen und zu erweitern. Nutzen Sie verschiedene Quellen, um an passende und aktuelle Informationen zu kommen, besuchen Sie Fortbildungen und tauschen Sie sich mit Kollegen und Vorgesetzten aus.

Viele Menschen meinen, es wäre ihnen als Schwäche oder Versagen auszulegen, wenn sie in ihrem Fachgebiet Fortbildungen besuchen. Ein Trugschluss, denn die moderne Arbeitswelt wandelt sich derart schnell, dass es gar nicht möglich sein kann, alles, was neu ist, zu kennen. Vor allem bei Führungsaufgaben, im Bereich der Kommunikation und Konfliktbewältigung oder zur persönlichen Weiterentwicklung bietet das Lernen eine Perspektiverweiterung oder sogar einen Perspektivwechsel. Es offenbart Möglichkeiten, mit extremen Situationen umzugehen und das menschliche Verhalten besser zu verstehen.

Selbstmanagement verbessern

Wer über ein gutes Selbstmanagement verfügt, ist in der Lage, die eigene berufliche und persönliche Entwicklung selbst zu gestalten und auch in schwierigen Situationen selbstbestimmt zu bleiben. Es hilft uns dabei, Stress besonders gut zu bewältigen und ihn sogar als Energiequelle zu nutzen.

Wichtige Kompetenzen für ein erfolgreiches Selbstmanagement sind:

- Organisatorische Fähigkeiten
- Persönliches Projektmanagement und konstruktive Zielsetzung
- Förderung der eigenen Motivation
- Zeitmanagement
- Fähigkeit zur Reflexion des eigenen Verhaltens
- Konfliktfähigkeit für die persönliche Selbstbehauptung
- Eigenverantwortung
- Fähigkeit, konstruktiv mit Fehlern und Kritik umzugehen
- Realistische Wahrnehmung der eigenen Befindlichkeiten

Diese Kompetenzen können durch Selbststudium, Seminare und den Erfahrungsaustausch mit anderen erworben werden.

Sozialkommunikative Kompetenzen entwickeln

Wer über sozialkommunikative Kompetenzen verfügt, kommt besser mit seinen Mitmenschen zurecht und reduziert damit Stressbelastung, die aus Konflikten mit anderen entsteht. Dazu gehört es unter anderem, Empathie, also Einfühlungsvermögen zu zeigen. Das gelingt nur, indem man anderen achtsam zuhört und mit ihnen ebenso umgeht. Wer obendrein in Konflikten konstruktiv verhandelt und handelt, hat weit weniger Stress als jemand, der den Konfrontationskurs fährt. Auch zu lernen, wie man sich gegenüber den Bitten und Forderungen anderer abgrenzt, gehört zu den sozialkommunikativen Fähigkeiten.

Übung: Sich selbst abgrenzen
Zeichnen Sie einen inneren und einen äußeren Kreis.
In den inneren Kreis schreiben Sie Ihre Wünsche und Bedürfnisse.
Den Außenkreis unterteilen Sie in drei Felder und füllen diese mit den Antworten zu den drei Fragen: 1. Wem gegenüber möchten/müssen Sie klare Grenzen ziehen? 2. Wessen Grenzen möchten/müssen Sie respektvoller achten? 3. In welchen Situationen möchten/müssen Sie Ihre Grenzen öffnen?
Betrachten Sie nun die drei Außenfelder. Welches Feld hat am meisten Gewicht/ist am größten? Wo liegt Ihre größte Baustelle? Gibt es auch Situationen, in denen Sie die Grenzen anderer nicht achten?
Erstellen Sie einen Maßnahmenplan: In welchen Situationen möchten Sie dominanter auftreten? Wo wollen Sie sich mehr zurücknehmen? Betrachten Sie dabei nicht nur Ihr Verhalten gegenüber anderen, sondern auch Ihr Verhalten gegenüber sich selbst.

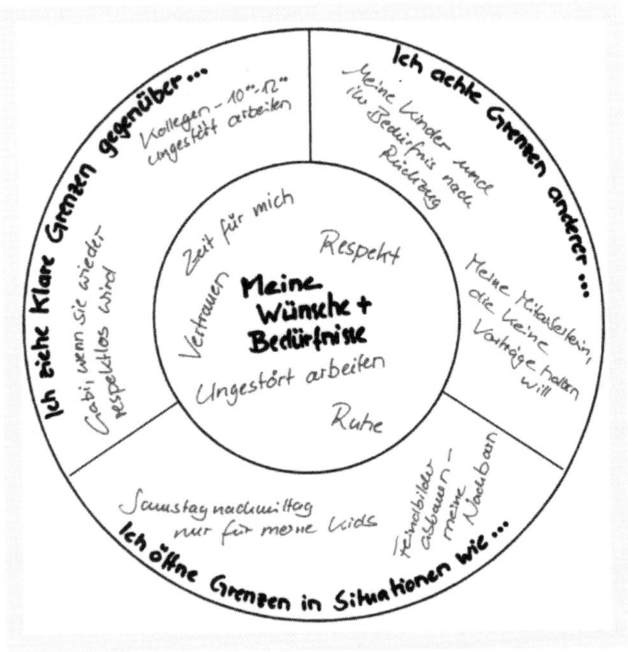

Der Abgrenzungskreis

Soziales Netzwerk aufbauen

Mit einem sozialen Netzwerk ist hier nicht etwa das virtuelle Netzwerk gemeint, das wir in unseren Social-Media-Aktivitäten pflegen. Es ist viel mehr als ein Facebook- oder XING-Account. Ein soziales Netzwerk in diesem Sinne besteht aus belastbaren Kontakten innerhalb der Familie, zum Partner, zu Freunden, Bekannten, Nachbarn, Kollegen, Chefs und vielen weiteren Personen, die einem im Alltag immer wieder begegnen. Es unterstützt uns in schwierigen Situationen und gibt uns ein Gefühl von Zugehörigkeit. Stressende Emotionen, wie z. B. Einsamkeit, verringern sich damit. Ein Netzwerk will aufgebaut und gepflegt werden. Nehmen Sie sich also Zeit für Ihre Kontakte und gehen Sie auf andere Menschen zu.

Problemlösekompetenzen entwickeln

Viele Menschen betrachten Fehler als ein Versagen, als persönliche Niederlage. Sie verwenden viel Zeit darauf, nach eigenen Defiziten zu suchen und diese nach außen so gut wie möglich zu verstecken. Auch in vielen Unternehmen sind Fehler etwas Negatives, das eine sofortige Suche nach dem Schuldigen auslöst.

Eine gute Fehlerkultur betrachtet Fehler als Möglichkeit, daraus zu lernen. Es wird nicht nach einem Verantwortlichen gesucht, sondern offen überlegt, wie dieser Fehler zukünftig vermieden werden kann und welche Ressourcen dafür notwendig sind.

Um sich diese Stressbewältigungskompetenz anzueignen, ist ein schwerer, aber entscheidender wie auch lohnender Schritt zu gehen: Man muss akzeptieren, dass Vergangenes nicht mehr änderbar ist. Man kann daraus nur für die Zukunft lernen. Vergeben Sie sich und anderen Fehler und richten Sie Ihren Fokus auf die positiven Möglichkeiten, die sich daraus ergeben. Das sich Üben in Achtsamkeit und die kognitive Technik der Gedankenkontrolle (siehe hierzu den nächsten Abschnitt) unterstützen die Entwicklung dieser Kompetenz.

Stressverstärker entschärfen

Um Stressverstärker zu erkennen und zu entschärfen, ist es wichtig, seine Emotionen wahrzunehmen, sie auszuhalten und nicht mit ablenkenden Bewältigungsstrategien (z.B. ständige Berieselung durch Fernsehen oder PC, Alkohol, Medikamente etc.) einzudämmen.

Übung: Besserer Umgang mit Ihren roten Knöpfen
Schritt 1: Rote Knöpfe identifizieren
Nehmen Sie sich Zeit und überlegen Sie: Was lässt Sie ganz schnell aus der Haut fahren? Vielleicht haben Sie die Situationen bereits im Kopf. Fällt Ihnen dazu nichts ein, holen Sie sich Feedback von Kollegen, Freunden, der Familie. In welchen Situationen reagieren Sie aus Sicht der anderen sehr schnell und vor allem unangemessen? Analysieren Sie diese Situationen. Was passiert da genau? Wer ist beteiligt? Wie sind die Rahmenbedingungen? Beobachten Sie sich. Was nehmen Sie in dieser Situation an sich wahr? Was spüren Sie? (Beispiele: Kloß im Hals, aufwallende Hitze, roter Kopf, Spannung im Nacken, Brustatmung etc.)
Schritt 2: Gehen Sie positiv und offen mit Ihren roten Knöpfen um. Sprechen Sie mit anderen darüber.
Schritt 3: Nutzen Sie die Formbarkeit des Gehirns. Gehen Sie in einem mentalen Training kritische Situationen immer wieder für sich durch und reagieren Sie in Ihrem Kopf so, wie Sie in Zukunft in der Realität reagieren wollen.

Übungen für eine konstruktive Auseinandersetzung mit den eigenen Bedürfnissen und Werten, inneren Antreibern, Glaubenssätzen und einschränkenden Gewohnheiten finden Sie im Kapitel »Raus aus der Stress-Spirale«.

Viele Stressverstärker resultieren daraus, dass unser Gehirn Gewohnheiten so dringend braucht und liebt. Das gilt leider auch für solche, die hinderlich und destruktiv sind. Unser Gehirn unterscheidet hier nicht. Hauptsache Gewohnheit! Denn Gewohnheit vermittelt Sicherheit. Trainieren Sie Ihr Gehirn deswegen auf etwas mehr Flexibilität. Begeben Sie sich im Alltagsgeschehen immer wieder freiwillig auf unsicheres »Terrain«. Probieren Sie neue Routen, Sportarten oder Restaurants aus. Wählen Sie bewusst immer wieder ein anderes Essen von der Speisekarte, ein bisher unbekanntes Getränk, eine andere Art, den Apfel aufzuschneiden, einen neuen Platz am Tisch oder auf dem Sofa. Mit der Zeit lernt das Gehirn, dass kleine Abweichungen vom gewohnten Verhalten kein Grund für Unsicherheit sind.

Anforderungen konstruktiv bewerten

Wenn Sie spüren, dass Sie in Hektik oder in den Multitasking-Modus verfallen, weil Sie die Anforderungen an sich als sehr hoch und als kaum zu bewältigen einschätzen, dann halten Sie bewusst inne und finden Sie etwas Abstand zur aktuellen Situation. Bereits eine wenige Minuten dauernde achtsame Atemmeditation hilft Ihnen dabei.

Stellen Sie sich dann folgende Fragen:

- Was ist wesentlich und was sind nicht so wichtige Punkte?
- Wo könnte ich Prioritäten setzen und bewusst mein Verhaltensmuster unterbrechen?

- Wie nehme ich die aktuellen Schwierigkeiten gerade wahr? Als Bedrohung oder als Herausforderung?
- Weshalb bin ich verunsichert/verärgert/genervt?

Notieren Sie die Antworten und lassen Sie diese auf sich wirken.

Annehmen von Realitäten

Im Alltagsgeschehen fällt es uns oft schwer zu unterscheiden, ob etwas tatsächlich Realität ist oder ob wir es nur als wahr annehmen, weil es auf unseren Erwartungen, Vermutungen oder Glaubenssätzen basiert.

BEISPIEL

Jakob sagt erzürnt: «Ich könnte mich schon wieder bis zur Weißglut über Sören ärgern. Wieder hat er die vorgegebenen Termine nicht eingehalten! Das ist total egoistisch und ignorant von ihm. Nie kann man bei ihm mit einer pünktlichen Antwort und Abgabe rechnen. Er taugt einfach zu nichts! Ich kann gar nicht verstehen, warum er in diesem Projektteam mitarbeiten darf.»

Das Beispiel verdeutlicht das Stresspotenzial, das Fehlannahmen bergen. Jakob ärgert sich über Sören, weil er ihm unterstellt, dass er aufgrund von Egoismus und Ignoranz immer unpünktlich ist. Entkernt man den Sachverhalt von den Annahmen, bleibt als Realität bestehen, dass Sören unpünktlich war. Aber entspricht es der Realität, dass man »nie« mit seiner Pünktlichkeit rechnen kann? Entspricht es der Realität, dass er »zu gar nichts taugt« und fehl am Platz ist?

Das Annehmen, also Akzeptieren von Realitäten, setzt voraus, sich selbst genau zu hinterfragen. Absolute Annahmen und Schlussfolgerungen, die man erkennt an Worten wie z. B. »nie«, »immer« sind selten zutreffend. Die Realität ist meist nicht schwarz-weiß, sondern weist eine Menge unterschiedlicher Nuancen auf. Fragen Sie sich also immer erst, wie es zur Situation kam. Was waren die Auslöser? Was ist das Gute, das Sie aus der Situation oder der Eigenschaft des anderen ziehen könnten?

FORTSETZUNG DES BEISPIELS

»Unpünktlichkeit« ist eine (vermeintliche) Schwäche, die jedoch keinen Menschen insgesamt zur Untauglichkeit verdonnert. Jakob sollte hinterfragen: Welche Stärken birgt diese Schwäche in sich? Hält Sören den Termin deswegen nicht ein, weil er sehr kreativ ist und daher die Zeit vergisst? Bringt nicht gerade diese Kreativität große Vorteile für das Projekt?

Reflexionsübung: Schwächen-Stärken-Liste

Erstellen Sie eine Liste mit Schwächen, die Sie als besonders unangenehm empfinden. Stellen Sie sich vor, jede dieser Schwäche ist die Rückseite einer Medaille.

Was wäre auf deren Vorderseite? Welche Stärken verbergen sich hinter der vermeintlichen Schwäche?

BEISPIEL

Vermeintlich faule Menschen haben meist das Talent, höchst effizient zu arbeiten. Sie finden immer Wege, mit wenig Anstrengung und Investment zum gleichen Ergebnis zu kommen wie diejenigen, die sehr viel arbeiten.

Überzeugungen in die eigenen Kompetenzen stärken

Im Laufe unseres Lebens lernen wir, dass wir unsere eigenen Kompetenzen nicht in den Vordergrund stellen sollen. In unserer Gesellschaft gilt es als »ich-bezogen« und Angeberei, wenn man stolz auf seine Stärken, sein Wissen sowie seine Erfolge ist. Lediglich bei Bewerbungen um einen neuen Job ist es legitim, die eigenen Stärken gezielt in den Vordergrund zu rücken. Wenn wir unsere Seminarteilnehmer nach ihren Stärken fragen, können manche fünf oder sechs aufzählen, viele andere tun sich bereits sehr schwer, zwei zu nennen. Bescheidenheit, an sich ein positiver Wert, behindert den Blick auf die eigenen Kompetenzen.

Dabei ist es, Sie erinnern sich an das Stressmodell von Lazarus (siehe Kapitel »Warum jeder Stress anders empfindet«), ein natürlicher Vorgang, dass unser Gehirn bei herausfordernden, ungewohnten, stressenden Situationen einen innerlichen Abgleich mit den eigenen Ressourcen vollzieht. Sind diese nicht bewusst greifbar, registrieren wir eine innere Unsicherheit. Unser Stressempfinden schlägt ins Negative um. Sind wir uns unserer Kompetenzen bewusst, stärkt das hingegen unser Selbstvertrauen. Dadurch entstehen Energien, die positiv zur Bewältigung der Stresssituation genutzt werden können.

Übung zur Stärkung Ihres Selbstvertrauens

1. Nehmen Sie sich Zeit und notieren Sie alle Stärken, die Sie an sich sehen.
2. Ergänzen Sie am nächsten Tag die Liste um weitere fünf Stärken. Sie werden merken, dass Ihnen das schon schwerer fällt als am Tag zuvor. Sie müssen nun intensiver nachdenken und gedanklich Ihren Alltag durchgehen, um noch mehr Stärken zu benennen.
3. Verfahren Sie genauso auch am folgenden Tag und in den nächsten vier Tagen. Mit jedem Tag wird es schwerer werden, neue Stärken zu finden. Sie beginnen irgendwann damit, nicht nur Ihre großen Erfolge zu bewerten, sondern auch die täglichen kleinen Aufgaben. So ist es z. B. eine Stärke, aufräumen zu können.
4. Haben Sie so nach sieben Tagen Ihre Liste abgeschlossen, wenden Sie sich an Ihr Umfeld: Fragen Sie Menschen, die Sie gut kennen und denen Sie vertrauen (Partner, Freunde, Bekannte, vielleicht auch Kollegen und Chefs), was sie an Ihnen sehr schätzen. Nehmen Sie die Stärken, die sich dahinter verbergen, wahr und ergänzen Sie damit Ihre Liste.

Halten Sie diese Stärken-Liste immer griffbereit. Lesen Sie sich immer wieder durch. Seien Sie dabei ruhig stolz auf sich selbst und fühlen Sie nach, wie Ihre innere Sicherheit, »etwas zu können«, damit wächst. Ihr Wahrnehmungsfilter (siehe Kap. »Eine Frage der Bewertung«) wird dadurch zukünftig Stressoren positiver bewerten als zuvor.

Gedanken wahrnehmen und steuern

BEISPIEL

Frank spürt, dass seine Konzentration stark nachlässt. Er muss aber eine wichtige Sache zu Ende bringen. Er braucht dringend Ruhe und vor allem Stille dazu. Frank hat Angst, die Arbeit nicht rechtzeitig beenden zu können. Sein gedanklicher Fokus geht immer wieder in die Richtung: »Ich brauche dringend Ruhe!«

Wenn es um Aufgaben oder Situationen geht, die von starken Emotionen begleitet werden (z. B. der Angst vor dem Versagen oder vor unabsehbaren Konsequenzen), setzt das Gehirn selbst gezielt den Fokus auf die (vermeintliche) Gefahrensituation. So soll möglicher Schaden durch gedankliche Unachtsamkeit vermieden werden.

Das Gehirn reagiert in solchen Situationen mit der Ausschüttung von Stresshormonen, die unter anderem unsere Aufmerksamkeit, die auf die »Gefahr« gerichtet ist, erhöhen und fokussieren. Wir geraten in ein Grübelkarussell: Wir kreisen gedanklich immer um einen Punkt und nehmen alles, was damit zu tun hat, immer stärker und stärker wahr – die »Gefahr« und damit der Stress werden so immer größer und größer.

FORTSETZUNG DES BEISPIELS

Frank hört jetzt immer deutlicher die vielen störenden Umgebungsgeräusche. Er kann sie nicht mehr ausblenden. Es fällt ihm immer schwerer sich zu konzentrieren. Sein Ärger über »die anderen« wird immer größer, sein Stress wird immer stärker, sein Fokus auf die Gefahr immer intensiver …

Um gar nicht erst in das Grübelkarussell einzusteigen, sollten Sie sich diese Vorgänge im Gehirn bewusst machen. Beginnen Sie damit, deren Vorboten wahrzunehmen: körperliche Stresssignale, innere Antreibersätze, wiederkehrende Gedanken oder Glaubenssätze, eine engstirnige Sicht auf negative Dinge etc.

Entscheiden Sie sich dafür, die Gedankenspirale zu unterbrechen. Drücken Sie ganz bewusst die imaginäre Stopp-Taste:

- Notieren Sie Ihre Wahrnehmungen auf Papier und ergänzen Sie, welche emotionalen Reaktionen durch diese Gedanken im Gehirn hervorgerufen werden. So werden Sie sich deren Wirkung achtsam bewusst.
- Kommen Sie danach einen Augenblick zur Ruhe. Eine dreiminütige Atemmeditation (siehe hierzu weiter unten) hilft hier ungemein.
- Formulieren Sie Ihre Gedanken dann bewusst in eine lösungsorientierte oder Zuversicht gebende Variante um.

BEISPIEL

Aus: »Das schaffe ich nie!«, wird:

»Ich habe bereits so manche schwierige Situation gemeistert«, oder:

»Ein Schritt nach dem anderen führt definitiv zum Ziel«,

oder:

»Ich gebe mein Bestes und vertraue auf meine Fähigkeiten!«

- Lassen Sie den neuen Satz auf sich wirken. Welche Emotionen löst dieser in Ihnen aus?
- Setzen Sie den umformulierten Gedanken nun bewusst ein. Wiederholen Sie ihn immer wieder für sich. Wenn sich das eigenartig anfühlt, dann werden Sie sich bewusst, dass Sie den negativen Gedanken davor auch immer wiederholt haben. Nur weil dieser gewohnt ist, war es nicht komisch. Sie

machen also das Gleiche wie vorher. Allerdings lenken Sie nun die Wirkung gezielt.

Oft dreht sich das Grübelkarussell nach Feierabend weiter. Nur die gezielte Veränderung des Fokus hilft hier. Suchen Sie sich Hobbys, die Sie gerne ausüben. Auch Gespräche, ein gutes Buch, Achtsamkeitsübungen oder Entspannungsverfahren helfen.

Wenn Sie nachts wach liegen und wegen der Grübelei nicht mehr einschlafen können, dann entscheiden Sie sich dafür, im Bett eine progressive Muskelentspannung, eine Phantasiereise oder eine Atemmeditation zu machen. Das unterbricht nicht nur Ihre kreisenden Gedanken, sondern fördert die innere Entspannung und hilft beim Einschlafen.

Ein weiterer Schlüssel, um negative, stressauslösende Gedanken ins Positive zu steuern, ist Dankbarkeit. Internationale Studien haben bewiesen, dass Dankbarkeit entstresst, seelische und körperliche Abwehrkräfte aktiviert und das Wohlbefinden fördert. In der Gehirnforschung konnten die Wissenschaftler einen deutlichen Zusammenhang zwischen Dankbarkeit und der vermehrten Aktivität in Gehirnregionen, die für Zufriedenheit, innere Ruhe und Gelassenheit zuständig sind, aufzeigen. Durch Dankbarkeitsübungen wird der zehnte Hirnnerv, der größte Nerv des Parasympathikus, der Vagus Nerv, aktiviert.

Im normalen Alltag empfinden wir selten Dankbarkeit, da alles, was glattläuft, selbstverständlich ist. Nur wenn etwas Außergewöhnliches passiert, nehmen wir sie wahr, so z. B., wenn wir den Bus gerade noch erreicht haben, weil der Fahrer auf uns gewartet hat. Um mehr Dankbarkeit zu empfinden und damit den Entspannungsnerv im Gehirn zu aktivieren, bietet es sich an, ein Dankbarkeitstagebuch zu führen, dessen positive Wirkung erwiesen ist.

Übung: Dankbarkeitstagebuch

Legen Sie sich ein gebundenes Blanko-Büchlein zu, das Sie gerne zur Hand nehmen. Notieren Sie in den nächsten zehn Wochen darin täglich, wofür Sie dankbar sind und sein können. Das können große Dinge sein, aber auch klitzekleine Details, wie z.B. ein kurzes Lächeln Ihres Sitznachbarn in der U-Bahn. Vielleicht entdecken Sie auch an negativen Dingen einen Anlass für Dankbarkeit? So könnte z.B. die Tatsache, dass der »ungeliebte« Kollege da ist, weil man sonst seine Arbeit mitmachen müsste, ein guter Grund für Dankbarkeit sein. Reservieren Sie sich für das Führen dieses Tagebuchs jeden Tag ein bestimmtes Zeitfenster. Lassen Sie ganz bewusst die Arbeit und Hektik des Tages von Zeit zu Zeit hinter sich, um Ihre Notizen darin zu machen.

Bleiben Sie konsequent dabei, täglich mindestens einmal alles zu notieren, wofür Sie dankbar sind. Unmittelbar vor dem Schlafengehen durchgeführt, bewirkt diese Übung auch, dass grübelnde Gedanken nicht mit in den Schlaf genommen werden und der Schlaf erholsam wird.

Bewusstes Entspannen und Abschalten

Gezielt eingesetzte Entspannungstechniken und -methoden helfen bei der Stressbewältigung. Die meisten modernen Entspannungsverfahren lassen sich einfach erlernen. Viele davon lassen sich auch selbstständig und gut im Alltag umsetzen.

Eine besonders wirkungsvolle Entspannungsform ist die Meditation. Sie konzentriert sich auf eine achtsame, nicht wertende Wahrnehmung der eigenen körperlichen, geistigen und emotionalen Vorgänge. Der Psychologe Ulrich Ott erforscht unter anderem die Meditation und konnte fundiert nachweisen, dass achtsamkeitsbasierte Meditationsübungen schon nach einer relativ kurzen Zeit von sechs Wochen einige Veränderungen im Gehirn bewirken. Im limbischen System verstärkt sich die Aktivität in Bereichen, die für innere Ruhe, Zufriedenheit und Sicherheit zuständig sind. Parallel werden andere Gehirnbereiche, die Empfindungen wie Angst, Unruhe, Aggression und Unzufriedenheit hervorbringen, beruhigt. Wer sich mit diesem Thema intensiver beschäftigen möchte, dem empfehlen wir die Publikation von Ulrich Ott »Meditation für Skeptiker«.

Das Wichtigste bei den Entspannungstechniken ist nicht etwa deren Dauer, sondern die Regelmäßigkeit der Anwendung. Wer sich jeden Tag nur 10 Minuten Zeit für ein Entspannungsverfahren nimmt, verbessert deutlich sein Wohlbefinden und steigert seine Leistungsfähigkeit.

> Auch Entspannung wird zur Gewohnheit. Regelmäßig geübt, stellt sich die körperliche Reaktion umgehend ein, weil das Gehirn darauf trainiert ist. Der Körper reagiert dann auch in Stresssituationen augenblicklich mit der gewohnten inneren Ruhe und Entspannung, wenn man nur an die Entspannungsübung denkt. Das wirkt auch nach außen – man behält die Souveränität.

Im Folgenden finden Sie eine Auflistung klassischer Entspannungstechniken, deren positive Wirkung medizinisch bestätigt ist. Wirkungsvoll ist die Ausübung dieser Techniken immer, selbst wenn nur wenige Minuten Zeit dafür sind. Es gibt einige Techniken, die sehr oder besonders wirksam sind – was wir nachfolgend aufgeführt haben. Ebenso angegeben haben wir Empfehlungen zum täglichen Zeitaufwand für Neueinsteiger (in den ersten sechs Wochen) und für Geübte (ab der siebten Woche Anwendung). Die vorgegebene Zeit richtet sich nach den medizinischen Erkenntnissen, ab wann der Entspannungsvorgang im Körper deutlich messbar wird.

Autogenes Training

- Sehr wirksam
- Neueinsteiger beginnen in einem Kurs mit Lehrer
- Geübte: tägliches Üben von 10 Minuten

Der Berliner Psychiater Johannes Heinrich Schultz hat das Autogene Training 1926 aus der Hypnose heraus unter der Bezeichnung »konzentrative Selbstentspannung« entwickelt. Beim Autogenen Training handelt es sich um ein sog. autosuggestives Entspannungsverfahren: Durch die Konzentration auf kurze formelhafte Leitsätze können körperliche Veränderungen erzielt werden. Es entspannt nicht nur körperlich, sondern beruhigt auch den Kreislauf. Es steigert die Konzentrationsfähigkeit, schafft einen klaren Kopf und beeinflusst durch die Konzentration auf einzelne Körperteile das vegetative Nervensystem positiv. Als positivste Wirkung des Autogenen Trainings gilt die sog. affektive Resonanzdämpfung. Damit werden unangenehme, hemmende Gefühle wie Angst, innere Unruhe oder Depressionen Schritt für Schritt abgemildert und der Schlaf wird verbessert.

Autogenes Training muss in einem Kurs erlernt werden und kann erst danach selbstständig ausgeführt werden.

Progressive Muskelentspannung

- Sehr bis besonders wirksam
- Neueinsteiger: tägliches Üben von 12 Minuten
- Geübte: tägliches Üben von 5 Minuten

Der amerikanische Physiologe Edmund Jacobson hat diese Methode in den 1930er Jahren entwickelt. Progressiv heißt sie, weil sie abschnittsweise verschiedene Muskelgruppen einbezieht. Um die Anspannungen und Schmerzen zu lösen, werden bei dieser Technik die einzelnen Muskeln zuerst mit aller Kraft angespannt und dann im nächsten Schritt wieder gelockert. Dadurch entsteht ein angenehmes Gefühl der Entspannung, Herz und Kreislauf werden beruhigt und die Muskeln besser durchblutet. Wenn Sie diese Methode regelmäßig ausführen, werden Sie ausgeglichener und sind in Stresssituationen weniger angespannt oder aggressiv. Schlafstörungen lassen nach.

Atemmeditation

- Sehr wirksam
- Neueinsteiger: tägliches Üben von 20 Minuten
- Geübte: tägliches Üben von 10 Minuten

Atemübungen eignen sich sehr gut, um Druck und Anspannung zu lösen. Beim bewussten Atmen entsteht eine innere Ruhe, da wir uns nur auf den Atemrhythmus konzentrieren und alles andere ausblenden. Atemtechniken wirken besonders gut in akuten Stresssituationen, da sie meist bereits nach wenigen Augenblicken zur Entspannung führen und schnell für neue Energie sorgen. Sie können unabhängig von anderen Übungen durchgeführt werden oder auch ein Teil von anderen Entspannungstechniken sein.

Beispiel für eine Atemmediation:

- Setzen oder stellen Sie sich aufrecht hin – ein zusammengedrückter Bauch- und Brustraum würde die richtige Atmung blockieren.
- Atmen Sie 2 Sekunden ein. Halten Sie 1 Sekunde den Atem an. Atmen Sie 4 Sekunden aus. Wichtig ist, dass Sie durch die Nase ein- und, wenn möglich, auch ausatmen. Sie können, falls Ihnen das angenehmer ist, auch durch die leicht geöffneten Lippen ausatmen. Atmen Sie so zehn Atemzüge.
- Sie können Ihren Atem nun vertiefen, indem Sie die Sekunden beim Einatmen und Ausatmen verlängern. Wichtig ist,

dass die Ausatmung gegenüber der Einatmung immer doppelt so lange stattfindet (z. B. beim Einatmen bis 4 zählen – beim Ausatmen bis 8 zählen). Das fördert die körperliche und geistige Entspannung.

Phantasiereise

- Wirksam bis sehr wirksam
- Neueinsteiger: tägliches Üben von 12 Minuten
- Geübte: tägliches Üben von 5 Minuten

Die Technik der Phantasiereise bedient sich der Funktionalität des limbischen Systems. Sie richtet die Gedanken bewusst auf positive Bilder, die wiederum positive Emotionen wie Freude, Glück, Lust, Entspannung, Zufriedenheit, Dankbarkeit etc. in uns auslösen.

Für eine Phantasiereise begeben Sie sich in eine achtsame Haltung und nehmen für ein paar Minuten bewusst Ihren Atem wahr (kurze Atemmeditation). Dann starten Sie in Ihrer Phantasie eine Reise: Dafür kann man vorgegebene Phantasiereisen (z. B. auf CD oder in Büchern) verwenden und sich auf die fremden Bilder einlassen oder eigene »Reisen« ins Schöne durchführen. Die Basis dafür kann eine Urlaubserinnerung (der Spaziergang am Strand), eine Traumvorstellung (die Trauminsel) oder ein als wundervoll erlebter Augenblick sein. Stellen sich nicht nur die Bilder vor, sondern versuchen Sie diese auch zu fühlen: wie das Meer oder der Wald riecht, wie sich der Sand unter den Füßen anfühlt, wie sich das Klatschen und Jubeln der Zuschauer anhört. Aktivieren Sie Ihre Sinne: Hören, riechen, schmecken, fühlen Sie, während die Bilder vor Ihrem inneren Auge vorbeiziehen.

Die Phantasiereise erfordert ein wenig Übung, ist aber eine sehr wirksame Entspannungstechnik, die im Alltag, besonders bei Wartezeiten, gut eingesetzt werden kann.

Meditationsformen (z.B. Zen)

- Besonders wirksam
- Neueinsteiger: tägliches Üben von 45 Minuten, Kurs zu empfehlen
- Geübte: tägliches Üben von 30 Minuten

Diese Entspannungsform bedarf Zeit und intensiver Übung. Sie ist allerdings auch besonders wirksam. Informieren Sie sich über Meditationsangebote in Ihrer Nähe und probieren sie eines davon zumindest für ein paar Wochen aus. Aus der Forschung weiß man, dass bereits acht Wochen Meditationspraxis eine nachhaltige Wirkung auf das Gehirn haben. Selbst wenn Sie nicht weiter meditieren, kann also ein Kurs allein bereits viel bewegen.

Qi Gong

- Sehr wirksam bis besonders wirksam
- Neueinsteiger: tägliches Üben von 25 Minuten, Kurs zu empfehlen
- Geübte: tägliches Üben von 10 bis 15 Minuten

Qi Gong ist eine traditionelle chinesische Meditations- und Bewegungsform, die bereits seit Tausenden Jahren angewendet wird. Mit den Übungen wird eine Einheit von Körper, Geist und Seele angestrebt. Im Zentrum stehen die bewusste und tiefe Atmung sowie ruhige, konzentrierte Bewegungen. Durch die Übungen sollen Blockaden im Körper und Geist aufgelöst werden, damit die Lebensenergie Qi besser zirkulieren kann und wir vitaler werden. Qi Gong ist nicht nur eine hilfreiche Technik bei Stress, sondern wirkt auf vielfältige Weise positiv auf den Organismus. Es kann den Blutdruck senken und asthmatische Beschwerden oder chronische Schmerzen lindern. Es gibt einfache Stehübungen, die man auch zu Hause ausführen kann. Lernen sollten Sie die Bewegungsabläufe in einem Kurs.

Yoga

- Sehr wirksam bis besonders wirksam
- Neueinsteiger: tägliches Üben von 20 Minuten, Kurs erforderlich
- Geübte: tägliches Üben von 10 Minuten

Yoga ist eine philosophische Lehre mit indischen Wurzeln, zu der eine Vielzahl geistiger und körperlicher Übungen gehören. Es gibt viele Formen des Yoga (z.B. Hatha-Yoga, Raja-Yoga oder Karma-Yoga), wobei jede auf eine eigene Philosophie und Methode zurückgreift. Bei einigen liegt der Fokus auf der mentalen Konzentration, bei anderen stehen die Atmung (Pranayama) und der Körper im Vordergrund. Es werden Phasen körperlicher Entspannung, Atemübungen und Meditation miteinander kombiniert. Alle Yoga-Formen verfolgen das Ziel, Körper, Geist und Seele miteinander in Einklang zu bringen und dadurch innere Gelassenheit und Ruhe zu fördern.

Es gibt mittlerweile unzählige Yoga-Angebote, teils auch auf CD oder in Online-Fitnessstudios. Intensives Yoga sollten Sie jedoch unbedingt bei einem erfahrenen Lehrer lernen. Dieser wird Sie darin anleiten, die Übungen korrekt durchzuführen und Ihnen Alternativübungen zeigen, wenn Sie einzelne Körperpositionen nicht einnehmen können bzw. körperliche Einschränkungen haben.

Achtsames Gehen

- Sehr wirksam bis besonders wirksam
- Neueinsteiger: tägliches Üben von 25 Minuten, Achtsamkeitskurs empfehlenswert
- Geübte: tägliches Üben von 15 Minuten

Im Alltag gehen wir ständig irgendwohin: ins Büro, zum Einkaufen, zur Kantine etc. Nutzen Sie diese Routine-Gänge, um ganz bewusst zu gehen. Spüren Sie während des bewussten Auftretens in Ihren Körper hinein. Spüren Sie Ihre Füße, die Muskeln in den Beinen, die Schuhe, den Boden ...! Führen Sie jeden Schritt ruhig aus. Konzentrieren Sie sich dabei auch auf Ihre Atmung. Gedanken, die sich auf Wanderschaft begeben, führen Sie immer wieder zur Atmung zurück.

Besonders wirkungsvoll ist achtsames Gehen in der Natur, wenn durch das Gleichmaß der Schritte Ruhe und Gelassenheit in Ihrem Gehirn einkehren. Mit zunehmender Übung wird Ihnen das auch in belebtem Umfeld gelingen. Am Anfang kann es ganz hilfreich sein, wenn Sie langsam gehen.

Das achtsame Gehen ist, kombiniert mit der Atemmeditation, eine hochwirksame Entspannungsübung, die sich gut in den Alltag einbinden lässt. Am Anfang ist es jedoch sehr schwer und ungewohnt, da das Gehen eine der ältesten Gewohnheiten in unserem Leben ist.

Bewegung und Sport

Bewegung ist für den menschlichen Körper lebensnotwendig. Sie ist sowohl für Skelett und Muskeln wichtig als auch für Ihre Gefäße und ein gut funktionierendes Immunsystem. Körperliche Fitness erhöht Ihre Resistenz gegen psychischen Stress.

Insbesondere wenn wir einen Schreibtischjob haben, bewegen wir uns im Alltag oft viel zu wenig. Starten Sie daher den Tag bereits mit leichter Morgengymnastik. Machen Sie z. B. Atem- und Dehnübungen bei frischer Luft, um den Kreislauf auf Touren zu bringen. Lassen Sie das Auto stehen und nutzen Sie das Fahrrad oder gehen Sie zu Fuß. Nehmen Sie die Treppe statt des Aufzugs. Machen Sie in der Mittagspause einen kleinen Spaziergang.

Sport hält nicht nur Muskeln und Bewegungsapparat fit, sondern führt auch zu einem angenehmen Rauschzustand. Endorphine sind dafür verantwortlich, wenn Sie sich z. B. nach dem Joggen oder dem Fitnessstudio glücklich fühlen. Sport ist auch gut für Herz und Kreislauf. Die Bewegung senkt den Blutdruck, optimiert den Fettstoffwechsel, stärkt den Bewegungs- und Halteapparat und macht Sie insgesamt beweglicher.

Um Sport nahtlos und ohne persönlichen Widerstand in Ihren Tagesablauf einzufügen, ist es gut, ihn zu ritualisieren. Feste Tage und Zeiten, feste Vereinbarungen, gebuchte Termine erleichtern es Ihnen, dem inneren Schweinehund, der Sie aufs bequeme Sofa ziehen möchte, Paroli zu bieten. Nehmen Sie ruhig Rücksicht auf Ihre Tagesform, aber lassen Sie den Termin nicht ausfallen.

Ausdauersport wird als eine besonders wirksame Entspannungstechnik betrachtet. Damit wird das im Stress bereitgestellte Adrenalin und Noradrenalin wieder abgebaut und die Regenerationsfähigkeit des Körpers wird gefördert.

Übungsidee: Bewegung auf dem Mini-Trampolin

Bereits im Jahr 1980 beschrieben Forscher im Journal of Applied Physiology die hohe Effektivität eines Trampolintrainings. Allein das Schwingen auf dem Trampolin (Rebounding) verbessert die Fitness stark und hilft beim Abnehmen.

Das Training auf dem Trampolin ist ein ganzheitliches Training. Es verbessert die Sauerstoffversorgung, fördert die Funktionalität der Blutgefäße, stabilisiert die Knochenstruktur, regt das Lymph- und Immunsystem an und stärkt die Muskulatur. Dazu kommt, dass die schwingende oder leicht hüpfende Bewegung die Ausschüttung von Endorphinen und Serotonin, dem Glückshormon, fördert. Das beschert uns Zufriedenheit, innere Ruhe und vermindert Angstgefühle.

Bereits 10 Minuten auf dem Mini-Trampolin bringen diese Effekte, 30 Minuten ersetzen 60 Minuten Joggen oder Sport im Fitnessstudio.

> Achten Sie darauf, sich ein Trampolin mit speziellen Gummiseilen statt Stahlfedern anzuschaffen. Sie trainieren so gelenkschonender.

Ernährung, die den Körper nicht stresst

Gesunde Ernährung ist ein wichtiger Aspekt, um sich glücklicher zu fühlen, denn Essen ist mehr als bloßes Hungerstillen. Ein Körper, der immer mit ausreichend Nährstoffen versorgt und von einem gesunden und regelmäßigen Essverhalten verwöhnt ist, lässt das auch spüren. Stimmungsschwankungen und Gereiztheit verschwinden, Haut und Haare werden schön, eine regenerierte Darmflora unterstützt uns auch bei der Bewältigung von Stress und Ängsten.

Für den Körper höchst stressend ist Nahrungsmangel, der z. B. eintritt, wenn Sie den ganzen Tag nichts essen oder eine Diät machen. Jede Form von Unregelmäßigkeit und einen Mangel an Nährstoffen quittiert der Körper mit einem Stoffwechsel-Notprogramm. Er kommt mit weniger aus, zumindest für eine Weile. Sobald wieder Nahrung zur Verfügung steht, wird sie wesentlich intensiver verarbeitet und eingelagert, um für zukünftige »Notfälle« vorzusorgen. In solchen Fällen werden die gleichen Stresshormone wie bei z. B. Termindruck ausgeschüttet – mit den gleichen Symptomen und möglichen negativen Folgen.

Ebenso stressend ist die Zuführung von Giftstoffen. Das können chemische Zusatzstoffe aus der Lebensmittelindustrie, »abgefärbte« Chemikalien, z. B. von Verpackungen, sein oder direkte Giftstoffe wie Alkohol und Umweltgifte sein. Der menschliche Körper kann erstaunlich viel und auch auf lange Zeit vertragen. Daher sind diese Stressoren oft die Folge einer sehr langen Einnahme. Sie können die direkten Auslöser der körperlichen Stressreaktionen sein oder (nur) indirekt die Stressbelastung durch andere Faktoren bestärken.

Erholung aktiv gestalten

Vor allem wenn der Organismus gestresst ist, wird es notwendig, Erholung gezielt und aktiv zu gestalten. Das beinhaltet auch, dem Bedürfnis, am liebsten gar nichts mehr zu tun, nicht nachzugeben. Es kommt dann darauf an, dafür zu sorgen, dass der Körper und das Gehirn all das bekommen, was sie brauchen, um zur Ruhe zu kommen.

Legen Sie deswegen tagsüber gezielt in regelmäßigen Abständen Pausen – und seien es nur Minipausen – ein. Stehen Sie auf, verlassen Sie den Arbeitsplatz und gestalten Sie diese kurzen Auszeiten ganz bewusst.

- Treten Sie ans Fenster und schauen Sie in die Ferne oder drehen Sie für einen Moment »dem Problem« den Rücken zu.
- Essen Sie achtsam oder machen Sie Entspannungsübungen.

Gestalten Sie Ihre Erholung am Feierabend aktiv. Es muss nicht jeden Abend sein, aber zumindest einmal in der Woche. Pflegen Sie außerberufliche Kontakte, genießen Sie kulturelle Veranstaltungen und investieren Sie Zeit in Ihre Hobbys. Oder probieren Sie mal etwas Neues aus!

- Walken oder Joggen: Ab in die Turnschuhe – Musik an – und los. Egal wie schnell, egal wie lang. Laufen Sie der Spannung davon, lassen Sie alles hinter sich! Aber achten Sie dabei auf Ihren Körper; Übertreibung führt zu einer Überbelastung und kann sich negativ auswirken.

- Meditieren: Sie brauchen lediglich ein ruhiges Plätzchen, eine bequeme, aufrechte Körperhaltung und den Willen, ein paar Minuten lang sich selbst freundlich zu beobachten, ohne sich zu bewerten, bewusst den eigenen Körper zu spüren, achtsam den Atem wahrzunehmen.
- Spazierengehen: Genießen Sie Wind, Wetter, Ruhe und Umfeld. Dabei ist es unerheblich, wohin Sie gehen. Betrachten Sie Ihre Umwelt und lassen Sie sich von dem Geschehen um Sie herum ablenken.

Es gibt noch unzählige schöne entspannende Möglichkeiten. Ihrer Kreativität sind keine Grenzen gesetzt.

Sie können sich auch »heilende« Rituale schaffen. Das sind Tätigkeiten, die Sie regelmäßig und mit besonderer Hingabe und Achtsamkeit ausüben. Tun Sie es in dem Bewusstsein: »Ich tue es für mich. Ich bin es mir wert!« Rituale sind unersetzlich, so dass nur wenige Umstände einen davon abhalten können. Sie sind jedoch nichts Starres. Wenn sich das Leben ändert, können auch sie sich verändern.

> Erholung aktiv zu gestalten, bedeutet nicht, dass Sie sich unbedingt ein festes Programm dafür suchen müssen. Überlegen Sie sich, was Ihnen Freude bringt, Sie zum Lachen bringen kann und Sie auch gedanklich ablenkt. Für die einen sind es feste Aktivitäten, für die anderen ist es Abwechslung. Es kommt allein darauf an, sich im Alltag Bedingungen zu schaffen, die Körper, Seele und Geist immer wieder zur Ruhe kommen lassen, damit eine »Stressverdauung« stattfinden kann.

In unserer Gesellschaft wird erwartet, dass wir uns im Griff haben, auch wenn wir uns ärgern oder im Stress sind. Diese Erwartung zwingt uns, die oft unbewussten körperlichen Impulse, die in solchen Situationen entstehen, zu unterdrücken. Solche Impulse können z. B. sein, etwas gegen die Wand werfen oder jemanden wegstoßen zu wollen. Oder wir haben das Bedürfnis, aufzustampfen, Türen zu schlagen etc. Das Verdrängen solcher natürlichen Impulse kostet jedoch sehr viel Energie und verursacht zusätzlichen Stress. Dies bestätigen Erkenntnisse aus der Forschung.

Einfache Übungen, wie sie bei kleinen Kindern noch in natürlicher Form zu beobachten sind, helfen uns, diese aufgestauten Spannungen abzubauen.

Spannungen abbauen

Suchen Sie sich einen ungestörten Ort, so z. B. einen leeren Besprechungsraum, und ...

- boxen Sie in die Luft,
- stampfen Sie auf den Boden,
- hüpfen Sie auf der Stelle.

Reagieren Sie Ihre innere Anspannung auf diese Weise spontan ab. Alles ist erlaubt, was Sie außer Atem bringt und mit Kraft ausgeführt wird. Aber gehen Sie dabei achtsam mit sich um und verletzen Sie sich nicht selbst.

Achtsamkeit und Genießen im Alltag

Um besonders in stressigen Zeiten die eigenen Befindlichkeiten, also körperliche und geistige Vorgänge und vorhandene Emotionen, realistisch wahrnehmen zu können, brauchen wir Achtsamkeit. Achtsamkeit meint, seine Sinne zu aktivieren und wahrzunehmen und zu beobachten, was im Hier und Jetzt ist, ohne den Zustand oder die Situation sofort zu analysieren, be- oder abzuwerten und verändern zu wollen. Achtsamkeit lässt sich erlernen und trainieren. Achtsamkeitsübungen helfen uns dabei,

- Stress zu reduzieren und einem Burnout vorzubeugen,
- sich selbst zu spüren und Emotionen wahrzunehmen, ohne sofort einem Impuls zu folgen und zu reagieren,
- innere Spannungen wahrzunehmen und auszuhalten,
- andere besser wahrzunehmen, ohne gleich zu bewerten und in Gedanken eine Antwort zu formulieren,
- auf Distanz zu eingefahrenen Verhaltens- und Gedankenmustern zu gehen,
- situationsadäquat und gleichzeitig authentisch zu handeln,
- Zugang zu den eigenen inneren Ressourcen zu finden,
- selbstgesteckte Grenzen zu erweitern,
- unser Gedankenkarussell anzuhalten,
- negative Emotionen in sinnvolle Kanäle zu lenken,
- mit uns selbst geduldiger zu sein,

- Belastungssituationen und Krisen besser gewachsen zu sein,
- mehr Souveränität, Gleichgewicht und Stabilität zu erlangen.

Achtsamkeitsübungen lenken unsere Konzentration auf die in der gegenwärtigen Situation vorhandenen Gedanken, Körperwahrnehmungen und Emotionen. Einen Zustand nur wahrzunehmen, ohne etwas zu verändern und aktiv zu werden, ist zunächst ungewohnt für den Menschen. Denn gewöhnlich sucht er nach einer Situationsanalyse sofort eine mögliche Handlungsstrategie.

Ein Verfahren, Achtsamkeit im Alltag zu etablieren, ist das Konzept der Mindfulness-Based Stress Reduction (MBSR) nach Jon Kabat-Zinn. Die Wirksamkeit dieses achtsamkeitsbasierten therapeutischen Konzepts ist mittlerweile wissenschaftlich belegt.

Aber auch verschiedene Meditationen, Sitzübungen aus der Zen-Meditation und Yoga-Übungen helfen uns, eine zunehmende Distanz zu dem zu entwickeln, was uns belastet. Mit zunehmender Achtsamkeit nehmen wir es dann nicht nur bewusster wahr, sondern können es auch besser annehmen und das eigene Verhalten besser steuern.

Wie Sie Achtsamkeit trainieren können

Jede Achtsamkeitsübung setzt dieselbe Haltung voraus, eine achtsame Haltung sich selbst gegenüber: Aktivieren Sie Ihre Sinne auf sich selbst, spüren Sie in sich hinein und nehmen Sie bewusst wahr, was Sie riechen, hören, fühlen, schmecken.

Fokussieren Sie Ihre Gedanken auf Ihren Körper. Welche Befindlichkeiten können Sie wahrnehmen?
Mit dieser achtsamen Haltung begleiten Sie die nun folgenden Übungen. Wenn Ihre Gedanken abschweifen, dann nehmen Sie dies zur Kenntnis, bewerten Sie es nicht. Konzentrieren Sie sich einfach wieder auf Ihre Wahrnehmungen.

Bewusst atmen
Lenken Sie Ihre Aufmerksamkeit und den Fokus Ihrer gedanklichen Wahrnehmung auf Ihren Atem. Beobachten Sie, wie er kommt und geht. Vertiefen Sie Ihre Atmung, indem Sie beim Einatmen z. B. bis 3 und beim Ausatmen z. B. bis 6 zählen. Halten Sie zwischen dem Ein- und Ausatmen einen Moment der Atempause und Stille. Je nach persönlichem Bedürfnis können Sie das Zählen verringern oder erhöhen. Wichtig dabei ist, stets doppelt so lange auszuatmen, wie eingeatmet wurde.

Gewohnheiten ganz bewusst ausführen
Führen Sie Tätigkeiten ganz bewusst aus, die sonst weitgehend unbewusst stattfinden, weil sie Gewohnheit sind: Zähneputzen, Einseifen, Obst aufschneiden, Hände waschen oder am Schreibtisch sitzen. Mit der vorweg eingenommenen achtsamen Haltung, der Aktivierung Ihrer Sinne, machen Sie sich gewohnte Abläufe wieder bewusst und spüren dabei die körperlichen Reaktionen.

Werden Sie bewusst langsam

Reduzieren Sie ganz bewusst Ihre Geschwindigkeit, wenn Sie Alltagstätigkeiten ausführen, wenn Sie also gehen, schreiben, die Spülmaschine ausräumen, aufräumen, kochen … Der Parasympathikus wird dann augenblicklich aktiviert. Sie können die Wirkung der erholungsfördernden Hormone körperlich wahrnehmen: Der Herzschlag wird ruhiger, die Atmung tiefer, Muskeln entspannen sich, die Emotionen beruhigen sich. Geben Sie sich die Zeit und verfolgen Sie neugierig, was in Ihrem Körper passiert. Mit ein wenig Übung werden Sie es wahrnehmen können.

Hören Sie achtsam zu

Auch während Sie anderen zuhören, können Sie eine achtsame Haltung einnehmen. Hören Sie in sich hinein, welche Wirkung die Worte des anderen auf Sie haben. Hören Sie auf seine Worte und stellen Sie sich die Fragen: »Verstehe ich, wie er die Welt sieht? Welchen Blick er auf die Situation hat?« Fragen Sie neugierig bei Ihrem Gesprächspartner nach, ob Ihr Ergebnis seinem Verständnis entspricht. Beim achtsamen Zuhören stellen Sie Ihre eigenen Antworten zunächst zurück und konzentrieren sich erst einmal auf das Verstehen. Ihre Antwort läuft Ihnen nicht davon. Die kurze Pause zwischen dem Zuhören und dem Antworten wird das Gespräch jedoch erheblich konstruktiver werden lassen.

Essen und trinken Sie achtsam

Essen und trinken Sie ganz bewusst und konzentriert mit allen Sinnen. Nehmen Sie bewusst den Geruch, die Temperatur und die Farben wahr. Kauen Sie langsam und länger als gewohnt und spüren Sie die Konsistenz, den Geschmack und die Gewürze/Zusatzstoffe.

In der Hektik des Alltags schlingen wir unser Essen oft hastig hinunter und schlucken es viel zu früh. Dabei schmecken wir oft gar nicht, was wir essen. Beim achtsamen Essen registrieren wir Geschmack sehr genau, auch den oft sehr unangenehmen Geschmack der chemischen Zusatzstoffe – was bei so manchem achtsam Essenden eine Ernährungsumstellung bewirken kann.

Genießen mit allen Sinnen

Um zu genießen brauchen wir Menschen unsere Sinne. Diese »stellen« wir im gestressten Modus jedoch oft ab. Wir blenden dann Geräusche oder Gerüche aus und nehmen Empfindungen, die stören könnten, nicht wahr. Die Stresshormone helfen dabei. Wenn dieser Zustand jedoch zu lange anhält, dann bleiben die Sinneswahrnehmungen blockiert und verschwinden sogar ganz. Damit geht auch die Möglichkeit des Genießens verloren.

Achtsamkeitsübungen fördern die Sinne. Sie stärken damit auch die Fähigkeit, in Ruhe etwas, das Ihnen gefällt, Ihnen angenehm ist oder schmeckt, richtig genießen zu können. Das aktiviert wiederum den Parasympathikus und damit die Ausschüttung von beruhigenden Hormonen.

Die Acht Gebote des Genießens
1. Gönn dir Genuss.
2. Plane Genusserlebnisse. Planen schafft Vorfreude.
3. Nimm dir Zeit zum Genießen.
4. Genieße bewusst.
5. Schule deine Sinne für Genuss.
6. Genieße auf deine Art.
7. Genieße lieber wenig, aber richtig.
8. Genieße auch kleine Dinge des Alltags.

Regenerationsmaßnahmen: wenig Aufwand – große Wirkung

Die folgenden Tipps helfen Ihnen dabei, Stress und seine Auswirkungen mit einfachen Maßnahmen in den Griff zu bekommen.

Machen Sie einen Gesundheitscheck

Fehlfunktionen, wie z.B. eine Über- oder Unterfunktion der Schilddrüse, Verdauungsproblematiken, eine Nebennierenschwäche oder chronischer Mangel an Vitalstoffen führen zu ähnlichen körperlichen Symptomen wie eine hohe negative Stressbelastung. Wenn solche Probleme vorliegen, dann werden auch noch so disziplinierte Stressbewältigungsmaßnahmen nie das erhoffte Ergebnis bringen. Wir empfehlen daher, sich bei einem guten Hausarzt oder Heilpraktiker auf mögliche körperliche Schwachstellen untersuchen zu lassen.

Achten Sie auf einen erholsamen Schlaf

Einige kurze oder unruhige Nächte beeinträchtigen weder die Leistungsfähigkeit noch die Gesundheit. Was passiert aber bei Schlafstörungen, die längere Zeit andauern?

- Körperlich kann Schlafmangel unter anderem die folgenden Konsequenzen haben: Beeinträchtigungen durch brennende Augen, eine niedrigere Schmerzschwelle, Abfall des Blutdrucks, unregelmäßige Atmung und Herzschlag. Langfristig entgleisen Stoffwechsel und Immunsystem.
- Psychisch macht sich Schlafmangel durch Reizbarkeit, Verstärkung von Zweifeln und Angstgefühlen, Wahrnehmungsstörungen oder einfach mit schlechter Laune bemerkbar. Er schadet auf jeden Fall Ihrer Konzentrations- und Denkfähigkeit.

Zu viel Schlaf macht Sie zwar auch langsam im Denken und lustlos im Handeln, aber er schadet nicht.

Eine gute Schlafhygiene – wie die Schlafforschung alle Maßnahmen und Verhaltensweisen nennt, die einen guten und erholsamen Schlaf fördern – unterstützt Sie bei der körperlichen und geistigen Regeneration:

1. Schaffen Sie sich Pufferzonen zwischen Alltag und Schlafengehen, in denen Sie abschalten und »runterfahren« können. Viele Menschen checken kurz vor ihrer Nachtruhe noch ihre beruflichen Mails oder wälzen Beziehungsprobleme mit dem Partner. All dies und Vergleichbares hält das Gehirn im Arbeitsmodus. Das Abschalten für den Schlaf gelingt dann nur schlecht.

2. Sorgen Sie für eine lärm- und störungsfreie Schlafumgebung. Ohrstöpsel können hier eine gute Unterstützung bieten.
3. Kümmern Sie sich um eine gute Sauerstoffversorgung Ihres Schlafzimmers. Lüften Sie es untertags über einen längeren Zeitraum, wenn möglich auch nachts.
4. Verzichten Sie zwei Stunden vor dem Schlafen auf Alkohol oder Zigaretten.
5. Regelmäßige Bewegung und Sport sind wichtige Voraussetzungen für einen erholsamen Schlaf. Beobachten Sie jedoch, wie körperliche Anstrengung am Abend auf Sie wirkt. Sport am Abend ist ideal, um die Stresshormone des Tages abzubauen. Doch während der eine danach angenehm erschöpft ist und gut einschlafen kann, wird der andere dadurch munter und findet nicht in den Schlaf. Es ist dann besser, die Sporteinheiten am Morgen zu absolvieren.
6. Überprüfen Sie Ihr Schlafbedürfnis. Nicht jeder braucht acht Stunden Schlaf. Lassen Sie sich nicht stressen, wenn Sie gut auch mit weniger auskommen und sich dennoch erholt fühlen.
7. Die Raumtemperatur im Schlafzimmer sollte ungefähr bei 20 Grad Celsius liegen.
8. Sorgen Sie für Dunkelheit. Jede Lichtquelle verringert die Produktion des Schlafhormons Melatonin. Eine kleine schwache Lichtquelle, wie z. B. ein Nachtlicht in der Steckdose, schadet nicht und vermittelt vielen Menschen Sicherheit.

9. In der Zirbeldrüse wird das für unser Immunsystem und guten Schlaf so wichtige Hormon Melatonin produziert. Die Produktion wird stark gehemmt, wenn wir im selben Raum schlafen mit unserem Smartphone, Drahtlostelefon, dem Computer, dem Tablet, der Digitaluhr, dem Radio und Fernseher, dem CD-Player.
10. Machen Sie bereits eine Stunde vor dem Schlafengehen Smartphones, Tablets oder den Laptop aus. Das kurzwellige blaue Licht dieser Geräte hemmt stark die Melatonin-Ausschüttung.
11. Gewöhnen Sie sich einen festen Schlafrhythmus an, der sich an Ihrer täglichen Biorhythmuskurve orientiert. Als Morgenmensch sollten Sie sich, entsprechend Ihrem gewohnten Tagesrhythmus, auch am Wochenende nicht die Nacht um die Ohren schlagen und morgens aufstehen. Umgekehrt gilt für Nachtmenschen, wenn möglich auch unter der Woche erst später mit der Arbeit zu beginnen. Verschieben Sie Ihren Rhythmus am Wochenende um nicht mehr als eine Stunde.
12. Führen Sie feste Rituale ein, die Sie zu Ihrem Schlaf führen. Es gibt hier unzählige Möglichkeiten: Trinken Sie etwas Warmes in Ihrer Lieblingstasse, machen Sie einen Rundgang, baden Sie oder setzen Sie sich kurz vor dem Schlafengehen immer an denselben Platz, an dem Sie darüber nachdenken, was an diesem Tag gut gelungen ist oder wann Sie Glücksmomente hatten.
13. Schlafen Sie mit einem Lächeln ein. Es gibt wissenschaftliche Untersuchungen dazu, dass die »Lächelmuskeln« auf

das limbische System wirken und damit auch unser Gehirn in den Wohlfühl-Modus versetzen.

14. Essen Sie nicht zu spät und nicht zu schwer. Kohlenhydratreiche Gerichte, wie z. B. Nudeln, Kartoffeln etc. wirken beruhigend am Abend und bringen einen erholsamen Schlaf. Salat und Rohkost wirken sich aufgrund der Vergärungsprozesse im Darm ungünstig auf den Schlaf aus.
15. Viele glauben, Koffein zu jeder Tageszeit zu vertragen. Falls Sie Schlafprobleme haben, sollten Sie aber auf jeden Fall darauf verzichten, nach 15 Uhr Kaffee, Cola oder Schwarzen Tee zu trinken. Wohltuende Schlafgetränke sind heiße Milch mit Honig, Kakao, Honigwasser oder ein beruhigender Kräutertee. Milch, Honig und Kakao sind tryptophanhaltig. Der Eiweißbaustein Tryptophan kurbelt die Produktion des Schlafhormons Melatonin an. Auch magnesiumhaltige Lebensmittel wie z. B. Bananen sind ein guter Schlafbegleiter, da sie entspannend wirken und die Erregbarkeit von Muskeln und Nerven herabsetzen.
16. Essen Sie nicht nachts. Das lässt den Organismus aufwachen statt schlafen.
17. Zweckentfremden Sie Ihr Bett nicht. Eine gute Matratze und gute Bettwäsche sind selbstverständlich eine Voraussetzung für erholsamen Schlaf. Aber auch, wie Sie das Bett nutzen, ist entscheidend. Das Bett ist ein Erholungsort und sollte daher – abgesehen von partnerschaftlichen Aktivitäten – auch nur der Erholung dienen. Tabu sind dort deshalb: Arbeit im Bett, Fernsehen, E-Mails schreiben etc. Der Geist arbeitet

sonst nämlich weiter, auch wenn das Tablet schon längst draußen ist und der Fernseher aus.

18. Vermeiden Sie das Fernsehen in der letzten Stunde vor dem Schlafengehen, um die Reizüberflutung für das Gehirn zu verringern.
19. Schlafen Sie nicht vor dem Fernseher. Das ist zwar vermeintlich erholsam. Das Gehirn nimmt jedoch die Reize über die Sinne (die Bildsequenzen auch durch die geschlossenen Augen) wahr und arbeitet auf Hochtouren.
20. Verzichten Sie tagsüber auf längeren Schlaf. Ein kurzer Mittagsschlaf von 10 bis 20 Minuten tut dem Körper jedoch sehr gut. Er regeneriert und verbessert die Leistungsfähigkeit.
21. Stehen Sie auf, wenn der Schlaf ausbleibt. Beschäftigen Sie sich dann mit etwas Erholendem. Puzzeln oder lesen Sie. Vermeiden Sie alles, das an Arbeit geknüpft ist, auch Hausarbeit.
22. Frustrierende Nachrichten, Filme oder Bücher führen zur Ausschüttung von Stresshormonen. Meiden Sie also derlei negative Dinge, bevor Sie schlafen gehen.
23. Wenn Sie nachts wachliegen und Schwierigkeiten haben, wieder einzuschlafen: Denken Sie an etwas Lustiges, etwas Schönes, gestalten Sie sich eine Phantasiereise oder rufen Sie sich all die Dinge ins Bewusstsein, für die Sie dankbar sind. Entspannen Sie sich ganz bewusst: Konzentrieren Sie sich auf die Empfindungen in Ihrem Körper und auf Ihren Atem. Auch progressive Muskelentspannung und Autogenes Training sind gut geeignet, Sie wieder in den Schlaf zu bringen.

Gönnen Sie Ihrer Wirbelsäule regelmäßig Bewegung

- Entspannung für die Halswirbel: Denken Sie sich einen Pinsel an die Spitze Ihrer Nase und bewegen Sie den Kopf, als ob Sie damit liegende Achten malen würden. Der Kopf ist dabei leicht nach unten geneigt, um ihn nicht nach hinten zu überstrecken.
- Versorgung der Bandscheiben: Stellen Sie sich in einer leichten Grätsche auf, schwingen Sie Ihre Arme nach links und rechts. Nutzen Sie den Schwung von beiden Armen, um den Oberkörper von rechts nach links und von links nach rechts in eine Drehbewegung mitzunehmen. Die jeweils gegenseitige Ferse bewegt sich mit der Drehung nach außen. Mit dieser Übung versorgen Sie Ihre Bandscheiben mit Drehbewegungen, die die ganzen Rückenwirbel erreichen. Die Bandscheiben zwischen Ihren Lendenwirbeln können Sie durch Hüftkreisen versorgen. Das geht auch im Sitzen. Erspüren Sie zunächst Ihre beiden Sitzbeinhöcker und bewegen Sie Ihr Becken in einer liegenden Acht um die beiden Sitzbeinhöcker. Bewegliche Sitzkissen, die Sie sich als Stuhlauflage kaufen können, oder Sitzbälle erfüllen die Funktion ebenfalls. Sie sollten aber nicht länger als 20 Minuten darauf sitzen, um Ihre Muskulatur nicht zu ermüden.
- Schulter und Nacken entspannen: Von der Arbeit am Computer sind oft Schultern und Nacken verspannt. Lockern Sie während der Arbeit immer mal wieder die Muskulatur: Heben Sie mit dem Einatmen die Schultern nach oben in Richtung

Ohren. Spüren Sie die Anspannung ganz bewusst. Senken Sie jetzt die Schultern ganz langsam nach unten. Dabei atmen Sie lang und langsam aus. Stellen Sie sich vor, wie die Schultern dabei lang nach unten gezogen werden – wie eine zähfließende Masse. Lassen Sie in Gedanken Ihre Schultern bis hinunter auf Ihre Hüften sinken.

- Brustmuskeln und Schultern entspannen: Die durch die Arbeit an Tastatur und Maus verkürzten Brustmuskeln können Sie zwischendurch dehnen, indem Sie die Hände auf Höhe des Gesäßes hinter dem Rücken verschränken und die Schultern nach hinten unten ziehen. Sehr effektiv ist auch eine Schulterübung an der Wand: Stellen Sie sich seitlich zu einer Säule, einem Türstock, einer Wand und pressen Sie Unterarm und Hand senkrecht auf Schulterhöhe dagegen. Jetzt machen Sie mit dem Bein, das zur Wand steht, einen Schritt nach vorne. Spüren Sie die Dehnung im Schulterbereich? Bleiben Sie 20 Sekunden in der Dehnung und wechseln Sie dann die Seite. Machen Sie die Übung auf beiden Seiten jeweils zweimal.

Auszeit für die Augen

Unser Sehen beschränkt sich viele Stunden am Tag auf das Nahsehen. Wir arbeiten am Bildschirm, lesen Zeitungen, Berichte, schauen auf das Display des Tablets oder Smartphones. Das angestrengte Fokussieren im Nahbereich führt zur Überlastung des Ziliarmuskels und der Augenlinse. Der Muskel verkrampft und verliert an Elastizität. Unsere Augen schalten beim Blick in die Ferne nicht mehr »scharf«. Wichtige Gehirnareale für die räumliche Wahrnehmung, das periphere Sehen und die Vernetzung visueller Informationen werden nicht mehr trainiert. Neben genetischen Faktoren bewirkt das auch mentaler und psychischer Stress. Die Folgen davon können Kurzsichtigkeit oder andere Fehlsichtigkeiten sein.

Es gibt mittlerweile viele Übungen, um die Augen zu entspannen. Die folgenden eignen sich besonders für den Büroalltag, weil sie kurz sind und sich relativ unauffällig ausführen lassen.

- Klopfmassage: Gönnen Sie Ihren Augen eine Massage. Klopfen Sie dafür sanft mit den Fingerkuppen rings um die Augen herum, entlang der Augenbrauen, an die Schläfen, die Wangenknochen und den Nasensattel.
- Palmieren: Reiben Sie die Handflächen kräftig aneinander, um sie zu erwärmen. Legen Sie dann die gewölbten Handflächen übereinander auf die Augen, so dass kein Licht mehr durchdringt. Halten Sie die Augen geschlossen und lassen Sie alle aufkommenden Gedanken in der Dunkelheit verschwinden. Bleiben Sie mindestens acht lange Atemzüge in dieser Haltung. Senken Sie danach die Hände und öffnen Sie langsam Ihre Augen.
- Feuchtigkeit für die Augen: Bei der Bildschirmarbeit verringern sich die Lidschläge von normalerweise ca. 12 Mal auf 4 Mal pro Minute. Je angestrengter Sie sehen, desto weniger blinzeln Sie. Das führt zu trockenen, gereizten und geröteten Augen. Erinnern Sie sich bewusst bei der Arbeit am Bildschirm daran, zu blinzeln und den Blick immer wieder in

die Ferne schweifen zu lassen. »Ferne« beginnt übrigens ab einem Abstand von 6 Metern. Zusätzlich können Sie immer wieder gähnen. Das befeuchtet die Augen und löst gleichzeitig Spannungen in der Kiefer- und Nackenmuskulatur.

Stressabbau und Regeneration mithilfe der Naturheilkunde

Es gibt viele nachweislich gut wirkende Methoden aus der Naturheilkunde, die den Körper und Geist bei der Regeneration und beim Stressabbau unterstützen. Ob Schüßler-Salze, Präparate aus der Pflanzenheilkunde, Maßnahmen aus der Aromatherapie oder Homöopathie: Lassen Sie sich von einem guten Hausarzt und/oder Heilpraktiker beraten.

Erholt in die Freizeit

Kennen Sie das auch? Die ganze Zeit haben Sie geschuftet und kaum ist das verlängerte Wochenende oder der langersehnte Urlaub da, werden Sie krank. Sie fühlen sich schwach, erkältet und verbringen die ersten Tage nur auf dem Sofa oder im Bett. Wenn der eigene Energiehaushalt völlig erschöpft ist und die bisher anhaltenden Stresshormone durch die eintretende Ruhephase nachlassen, dann sackt auch das Immunsystem in den Keller. Der Körper kämpft nun mit Bakterien bzw. Viren oder ist an sich einfach geschwächt und fordert die Ruhe ein, die er dringend benötigt. Nur dass dies leider auf Kosten unserer wertvollen Freizeit geht.

Dass es mal passieren kann, zu Beginn einer Erholungsphase krank zu werden, steht außer Frage. Aber es sollte nicht zur Regelmäßigkeit werden. Glücklicherweise gibt es Möglichkeiten, solche Muster zu unterbrechen:

Machen Sie Pausen im Alltag. Bauen Sie regelmäßige Zeiten kleiner Erholungen ein und laden Sie so Ihr Energiekonto Tag für Tag wieder auf. Experten empfehlen, alle 90 bis 100 Minuten eine bewusste Pause einzulegen. Das fördert die Konzentration, Leistungsfähigkeit und baut Stresshormone ab. Der Energielevel im Körper steigt wieder.

Es gibt sehr viele Varianten, sein Energiekonto während des Büroalltags wieder zu füllen.

- Nehmen Sie sich kurze Auszeiten – trinken Sie eine Tasse Tee (nicht Kaffee!) an einem ruhigen Ort, lassen Sie Ihre Augen und Gedanken nach draußen spazieren, bewegen Sie sich an der frischen Luft.
- Achten Sie darauf, dass Sie sich regelmäßig und gesund ernähren. Nehmen Sie Ihr Essen in einer achtsamen Haltung zu sich (siehe dazu das Kap. »Stressbewältigungskompetenzen«) und trinken Sie ausreichend. Der Körper braucht etwa 2,5 Liter Flüssigkeit am Tag. Bleiben Sie unter dieser empfohlenen Menge, stresst das den Organismus.
- Mit Achtsamkeitstraining und klassischen Entspannungsverfahren fördern Sie Ihre körperliche Wahrnehmung erheblich. Diese wiederum hilft, rechtzeitig im hektischen Alltag die

eigenen Befindlichkeiten zu registrieren. Reagieren Sie in solchen Momenten bewusst und legen Sie einen Moment der Ruhe ein. Die Atemmeditation bewirkt hier wahre Wunder.

Gestalten Sie eine Liste mit Ideen für Ihre aktiven Pausen. Wechseln Sie dabei kreativ zwischen den Techniken: Einmal gehen Sie zum Fenster und lassen Ihren Blick schweifen, das andere Mal ist es ein netter Plausch mit Kollegen. Das dritte Mal nutzen Sie die Minuten, um sich ausgiebig zu dehnen und zu strecken, und beim vierten Mal lehnen Sie sich aufrecht in Ihrem Stuhl zurück und konzentrieren sich für 5 Minuten auf Ihren Atem. Die Mittagspause verbringen Sie beispielsweise mit einem 15-minütigen Spaziergang und einem achtsamen Mittagessen. Später können Sie den Weg zum Meeting mit achtsamem Gehen verbinden.

Hilfsmittel wie eine Sanduhr oder ein angenehmer Alarm (z. B. ein Klangschalenton) auf Ihrem Smartphone unterstützen Sie dabei, die Pausenzeiten einzuhalten.

Ihr Notfall-Programm

Stress ist immer auch ein Notfall für unser Gehirn und auch für unseren Körper. Um möglichst gut dafür gerüstet zu sein, sollten Sie Vorsorge für den Ernstfall treffen. Mit den folgenden Maßnahmen gelingt Ihnen das.

Vorsorgemaßnahmen

1. Informieren Sie sich, wie Stress wirkt und in welche Verhaltensweisen der Mensch unbewusst verfallen kann. Reflektieren Sie Ihre Verhaltensmuster und machen Sie sich diese bewusst. Dies ist die Voraussetzung, um die Stresssituationen, wenn sie kommen, überhaupt als solche erkennen und diese und sich selbst richtig einschätzen zu können. Je besser Sie sich mit Stress auskennen, desto eher bleiben Sie im Ernstfall handlungsfähig.
2. Unser Atem ist ein mächtiger Indikator und auch ein Steuerungsinstrument in Stresssituationen. Lernen Sie Ihren Atem ganz bewusst kennen. Üben Sie das achtsame Wahrnehmen Ihres Atems. Werden Sie sich bewusst, wie es sich anfühlt, wenn Sie einen Moment innehalten und sich auf Ihren Atem konzentrieren. Probieren Sie es in alltäglichen Situationen aus, z.B. vor dem Fernseher, wenn Sie mit der Familie am Tisch sitzen, während Sie gerade mit Freunden oder Kollegen plaudern. Haben Sie die Atmung in stressfreien Situationen geübt, fällt es Ihnen leicht auch in einem angespannten Meeting durch bewusste Atmung wieder denk- und handlungsfähig zu werden.
3. Unser Körper ist unsere Stressmeldezentrale. Beobachten Sie ihn deswegen achtsam und üben Sie, ihn ganz bewusst wahrzunehmen: Womit hat er gerade Kontakt? Nehmen Sie wahr, wie sich dieses »Nachspüren« anfühlt. Probieren Sie es zunächst in harmlosen Situationen aus.
4. Richten Sie sich ein funktionierendes Stressmanagement mit

für Sie passenden Maßnahmen ein. Etliche davon finden Sie in diesem TaschenGuide.

Notfall – was tun?

Sie werden unter Druck gesetzt, Sie werden persönlich angegriffen – in solchen und vergleichbaren akuten Stresssituationen reagieren wir mit Wut und Hilflosigkeit. Wir können keinen klaren Gedanken mehr fassen – wir sehen rot. Wie können Sie in solchen Notfall-Situationen den Bezug zu sich selbst herstellen und damit wieder konstruktiv handlungsfähig werden? Die folgenden Übungen helfen Ihnen dabei.

Fingerübung

Legen Sie die Kuppen des kleinen Fingers und des Zeigefingers der rechten Hand gegen diejenigen der linken Hand und üben Sie etwas Druck aus – einige Atemzüge lang. Bleiben Sie dabei mit Ihrer Konzentration in der stressenden Situation. Sie werden merken, dass Ihre Brustatmung allmählich in den Bauch wandert. Über den Druck der Fingerkuppen werden Atemimpulse ausgelöst, die Ihre Atmung beruhigen und damit für innere Ruhe sorgen. Diese Übung hilft auch, wenn Sie eine stressende Situation erwarten.

Nutzen Sie die natürlichste Entspannungsform – atmen Sie

Konzentrieren Sie sich auf Ihren Atem, auch wenn um Sie herum das Chaos tobt. Nehmen Sie ihn bewusst wahr und vertiefen Sie ihn, indem Sie beim Einatmen bis 2 und beim Ausatmen bis 4 zählen. Haben Sie einen längeren Atem, können Sie auch höher zählen. Achten Sie dabei jedoch darauf, dass Sie immer doppelt so lange ausatmen. Diese Übung funktioniert besonders gut, während jemand anderes redet. Die Ablenkung, die durch das Zählen eintritt, hat nicht nur beruhigende Wirkung auf unseren Körper. Sie hat auch den Vorteil, dass Sie nicht impulsiv auf das Gesagte reagieren. Nutzen Sie exakt eine Atemlänge für eine bewusste Pause zwischen den Worten des anderen und Ihrer Entgegnung.

Ihr Notfall-Knopf

Wenn die Situation so bedrohlich wird, dass Ihnen der Boden unter den Füßen wegzubrechen scheint, hilft der Notfall-Knopf.

Konzentrieren Sie sich zunächst darauf, langsam ein- und wieder auszuatmen. Machen Sie sich dann auf die Suche nach Ihrem ganz persönlichen Notfallknopf. Sie finden ihn so: Drücken Sie mit dem Daumen der rechten Hand mittig auf die Handfläche der linken Hand. Wenn Sie in einer angespannten Situation dort an der richtigen Stelle Druck ausüben, werden Sie Schmerzen spüren. Dann haben Sie garantiert den richtigen Punkt gefunden. Drücken Sie in Stresssituationen diesen Notfall-Knopf mehrere Male, bis Sie sich wieder wahrnehmen und mehr Klarheit haben.

Wahrnehmungslenkung

Der Tunnelblick war vor Urzeiten sicher eine gute Einrichtung, um sich voll und ganz auf die Bedrohungen durch Säbelzahntiger und andere wilde Tiere einzustellen. Heutzutage ist er eher hinderlich. Denn im Tunnelblick nehmen wir nur noch wahr, was uns bedroht, und interpretieren alles, was in unser eingeschränktes Blickfeld rückt, als weiteren Angriff, sei es nun der ernste Gesichtsausdruck der Besprechungsteilnehmerin direkt vor uns oder die Wortmeldung des Kollegen. Angst bricht in uns aus, wir werden verunsichert und verlieren unsere Souveränität. Unsere ganze Konzentration fokussiert sich auf den Stressor.

Richten Sie in diesen Situationen für einen Augenblick, ca. 2 bis 5 Sekunden, Ihre Aufmerksamkeit auf einen Körperteil, so z. B. auf Ihre Zehen, den Fuß, das Knie, den Rücken, und pendeln Sie dann mit Ihrer Konzentration zwischen dieser Körperwahrnehmung und der stressenden Situation. So erweitern Sie wieder Ihren Blick.

Bauen Sie aktiv Stresshormone ab

Unterbrechen Sie die Stresssituation, so z. B. indem Sie in einem Meeting um eine kurze Pause bitten. Suchen Sie sich einen Raum, in dem Sie ungestört sind, und nutzen Sie 60 Sekunden, um mit einer kraftvollen Bewegung »Dampf« abzulassen. Stampfen Sie kräftig auf, hüpfen Sie oder boxen Sie in die Luft!

Literaturverzeichnis

Barmer Krankenkasse, Studie zur Digitalisierung der Arbeitswelt, www.barmer.de/ueberuns/barmer/forschung-und-innovation/studie-digitalisierung-34722

Eichhorn, C.: Gut erholen – besser leben. Das Praxisbuch für Ihren Alltag Klett-Cotta 2006.

Grillparzer M.: So macht der Stress nicht länger dick – GLYX, Gräfe und Unzer 2013.

Hätscher-Rosenbauer, W.: Besser sehen, Gräfe und Unzer 2011.

Hütter, F., Lang, S.: Neurodidaktik für Trainer, managerSeminare 2017.

Kaluza, G.: Stressbewältigung, Springer 2015.

Küstenmacher, W. T.: Limbi, der Weg zum Glück führt durchs Gehirn, Knaur 2016.

Münchhausen, M. von: So zähmen Sie Ihren inneren Schweinehund, Campus 2007.

Nitschke, P.: Lebensbereiche balancieren, managerSeminare 2016.

Ott, U.: Meditation für Skeptiker, Droemer 2015.

Techniker Krankenkasse: Gesundheitsreport 2017, www.tk.de/tk/praevention-und-fehlzeiten/gesundheitsreport/gesundheitsreport-2017

Wellensiek, S.: Fels in der Brandung statt Hamster im Rad, Beltz 2012.

Williams M., Penman D.: Meditation im Alltag, Arkana 2011.

Stichwortverzeichnis

Impressum

Bibliografische Information der Deutschen Nationalbibliothek
Die Deutsche Nationalbibliothek verzeichnet diese Publikation in der Deutschen Nationalbibliografie; detaillierte bibliografische Daten sind im Internet über http://www.dnb.dnb.de abrufbar.

Print:	ISBN: 978-3-648-13493-1	Bestell-Nr.: 10745-0002
ePub:	ISBN: 978-3-648-13494-8	Bestell-Nr.: 10745-0101
ePDF:	ISBN: 978-3-648-13495-5	Bestell-Nr.: 10745-0151

Petra Isabel Schlerit, Susanne Antonie Fischer
Stressmanagement – Ihr Weg zu mehr innerer Ruhe
2. Auflage 2019

Redaktionsanschrift: Fraunhoferstraße 5, 82152 Planegg/München
Internet: www.haufe.de
E-Mail: online@haufe.de
Redaktion: Jürgen Fischer

Lektorat: Nicole Jähnichen, www.textundwerk.de
Bildnachweis (Cover): © IgorKovalchuk. allenswart (beide iStockfoto), Bildbearbeitung: Simone Kienle

Die Autorinnen

Petra Isabel Schlerit

ist nach Führungspositionen in der Wirtschaft seit vielen Jahren Mediatorin sowie Trainerin und zertifizierter Coach für Persönlichkeits- und Personalentwicklung im Bereich Führungskompetenzen, Konfliktmanagement und Selbstmanagement. Sie beschäftigt sich im Rahmen ihrer Tätigkeit insbesondere mit Stressmanagement, Burnout-Prävention, der Stärkung der eigenen Resilienz und Achtsamkeit sowie dem betrieblichen Gesundheitsmanagement. Mit Ihren Erfahrungen als Ernährungsberaterin und Trainerin für klassische Entspannungsverfahren sorgt sie bei ihren Kunden und Klienten für ein nachhaltiges persönliches Gesundheitsmanagement.

Susanne Antonie Fischer

arbeitet seit über 15 Jahren als Trainerin im Bereich Methoden- und Persönlichkeitstraining. In ihren offenen Seminaren und Inhouse-Schulungen gibt sie ihr Wissen unter anderem im Bereich Selbstmanagement, Stressmanagement, Resilienz, Kommunikation und Methodentraining an Unternehmen und Organisationen weiter.

Weitere Literatur

»Burnout-Prävention für Führungskräfte – Konkret, praktisch, wirksam«, von Michael Spreiter, 397 Seiten, inkl. Arbeitshilfen online, EUR 49,95.
ISBN 978-3-648-03707-2, Bestell-Nr. 04192

»Resilienz – Krisen erfolgreich meistern und nutzen«, von Wolfgang Bilinski, 200 Seiten, EUR 19,95.
ISBN 978-3-648-08100-6, Bestell-Nr. 10154

»Achtsamkeit in Beruf und Alltag«, von Svea von Hehn und Arist von Hehn, 128 Seiten, EUR 9,95.
ISBN 978-3-648-12182-5, Bestell-Nr. 10713

»Gesund und leistungsfähig im Job – Die besten Strategien und Übungen für den Arbeitsalltag«, von Andrea Länger, 128 Seiten, EUR 9,95.
ISBN 978-3-648-12118-4, Bestell-Nr. 10750

»Urlaubsfeeling im Büro – Entspannung und kleine Auszeiten für jeden Tag«, von Brigitte Zadrobilek, 128 Seiten, EUR 9,95.
ISBN 978-3-648-13222-7, Bestell-Nr. 10759

»Pausen machen munter – Kraft tanken am Arbeitsplatz«, von Julia Scharnhorst, 128 Seiten, EUR 7,95.
ISBN 978-3-648-09401-3, Bestell-Nr. 10739

»Mit Druck richtig umgehen«, von Friedel John und Gabriele Peters-Kühlinger, 128 Seiten, EUR 7,95.
ISBN 978-3-648-11469-8, Bestell-Nr. 00818